"南海油气"丛书

南海油气
地质概况与资源基础

NANHAI YOUQI DIZHI GAIKUANG YU ZIYUAN JICHU

黄仕锐　龙根元　吴时国　韦成龙　方小宇　等编著

图书在版编目(CIP)数据

南海油气地质概况与资源基础/黄仕锐等编著. —武汉:中国地质大学出版社,2024.3
("南海油气"丛书)
ISBN 978-7-5625-5822-4

Ⅰ.①南… Ⅱ.①黄… Ⅲ.南海-油气勘探-研究 Ⅳ.①P618.130.8

中国国家版本馆 CIP 数据核字(2024)第 066296 号
审图号:琼 S(2023)284 号

南海油气地质概况与资源基础	黄仕锐	龙根元	吴时国	韦成龙	方小宇 等编著

责任编辑:韦有福	选题策划:韦有福	责任校对:张咏梅

出版发行:中国地质大学出版社(武汉市洪山区鲁磨路388号)	邮编:430074
电　　话:(027)67883511 传　　真:(027)67883580	E-mail:cbb@cug.edu.cn
经　　销:全国新华书店	http://cugp.cug.edu.cn

开本:787毫米×1092毫米 1/16	字数:256千字	印张:10
版次:2024年3月第1版	印次:2024年3月第1次印刷	
印刷:湖北新华印务有限公司		
ISBN 978-7-5625-5822-4		定价:128.00元

如有印装质量问题请与印刷厂联系调换

"南海油气"丛书
编委会

丛书主编：汪贵锋　吴时国

执行主编：王子雯　秦　菡

编　　委：（按姓氏拼音排序）

　　　　　方小宇　冯悉尼　黄仕锐　刘艳锐

　　　　　刘芝京　龙根元　覃茂刚　王艳霞

　　　　　韦成龙　徐子英　郑建宜

制　　图：秦　菡　冯悉尼　黄仕锐　覃茂刚

　　　　　郑建宜　王艳霞　刘芝京

《南海油气地质概况与资源基础》编委会

主　　编：黄仕锐

副 主 编：龙根元　　吴时国

编　　委：韦成龙　　方小宇　　刘艳锐　　汪贵锋
　　　　　王子雯　　徐子英

制　　图：秦　菡　　冯悉尼　　黄仕锐　　覃茂刚
　　　　　郑建宜　　王艳霞　　刘芝京

"南海油气"丛书

序

南海是我国海洋石油工业的发祥地,油气资源十分丰富。自1957年在莺歌海沿岸首次发现油气苗以来,南海油气勘探开发已走过了近70年的光辉岁月。我国在南海北部海域已建成年产超2500万t油当量的油气生产基地,累计生产原油近4亿t、天然气1300亿m^3,并且不断地向深水进军,向中南部复杂海洋环境进军。海洋油气勘探开发不仅具有"高风险、高投入、高科技"等特性,而且面临着台风内波等极端海洋环境和复杂的地缘政治形势。近70年来,我国海洋油气勘探开发克服了种种艰难困苦,取得了辉煌的成就,经历了自营探索阶段、对外合作与自营并举勘探阶段、滚动勘探开发阶段和自主勘探开发阶段,尤其是在外企大多数投资减少之后,我国的石油工作者刻苦钻研、勇于创新,获得了油气理论创新和勘探新发现,突破了技术瓶颈并研发了关键装备,有力地支撑了国民经济发展!

尽管海南省管辖约200万km^2的海域面积,但它的油气产业发展时间较短,基础较薄弱,油气工业发展缓慢。1996年,琼东南盆地崖13-1气田建成投产以来,其年产值仅占同年工业生产总值的3.92%。为改变这一状况,海南省人民政府自2006年开始陆续出台相关政策,大力发展油气产业,2018年海南省油气产业规模以上工业产值首次突破千亿元,2020年其产值达1055亿元,占工业生产总值的51.22%,油气产业已成为海南省工业经济的龙头支柱产业。

追忆往昔,筚路蓝缕创业实艰辛;凝视当下,捷报频传硕果挂满枝;展望未来,天高海阔扬帆可远航。"历史照亮未来,征程未有穷期。"总结历史和把握现在都是为了走向更美好的未来。深入贯彻新发展理念,加快构建新发展格局,提升南海油气勘探开发力度,巩固成熟油气区的扩边挖潜、增储上产,探索新领域、新层系、深远海,开拓海上丝绸之路经济带能源合作,推动石油工业高质量发展,是保障国家能源安全、维护国家主权、实现"一带一路"倡议目标的具体实践,是加快建设国家生态文明试验区和重大战略服务保障区的需要。推进南海油气勘探开发是海南自由贸易港战略定位赋予海南省地质工作者的神圣使命,更是响应习近平总书记"能源的饭碗必须端在自己手里"的重要举措。

"南海油气"丛书,是海南省众多著名专家、学者合作完成的有价值的专业丛书。本丛书作者长期从事南海的石油勘探开发和地质研究工作，在南海油气研究中取得了丰硕的成果，以实际行动支撑了海南自由贸易港油气工业发展；通过广泛的调研收集资料，系统的数据整理和加工，最终完成了这套丛书。本丛书从南海油气资源基础、勘探开发、工业利用等多个角度进行论述，是一套全面介绍南海油气工业全产业链的文献书籍。本丛书主要内容涉及南海常规油气资源、天然气水合物资源、海南自由贸易港和国家"双碳"战略目标，是切合目前国家发展战略需求、体现石油工业特色和鲜明时代亮点的佳作，对南海油气资源勘探开发和海南自由贸易港油气产业发展具有重要的参考价值。

十分高兴南海油气工业的蓬勃发展，乐见众多同仁关心海洋石油事业的发展。值此成果出版之际，作此序以致贺！

丛书前言

"南海油气"

1988年4月13日,第七届全国人民代表大会第一次会议通过关于设立海南省的议定和建立海南经济特区的决议,批准设立海南省,授权管辖西沙群岛、南沙群岛、中沙群岛的岛礁及其海域,划定海南岛为经济特区。海南省陆地面积仅3.54万km^2,虽然它是一个陆域小省,却管辖了约200万km^2海域面积,因此它又是一个海洋大省。2018年4月13日,海南全岛启动建设自由贸易试验区,2020年6月1日开启建设中国特色自由贸易港(简称"海南自贸港")的新纪元。

海南省位于我国最南端,北以琼州海峡与广东省划界,西于我国北部湾与越南相对,东、南面在我国南海中与菲律宾、文莱、印度尼西亚和马来西亚为邻,是21世纪海上丝绸之路的"桥头堡"。海南省的行政区域包括海南岛、西沙群岛、中沙群岛、南沙群岛的岛礁及其海域,是我国唯一的海洋大省,管辖着南海的大部分海域,是沟通太平洋与印度洋、亚洲与大洋洲的十字路口,是21世纪海上丝绸之路建设的核心区域,也是我国和平崛起的战略支点,扼"海上丝路"之要冲,守"蓝色国土"之前哨,区域地理位置具有十分重要的战略意义。

海南省人口少,市场不够活跃,经济基础水平受到地理条件限制,交通、原料、人力等方面没有优势,加之热带风光的环境保护要求,造成工业主导发展不能大面积展开,工业底子薄,总体发展较落后。到2021年,全省生产总值才突破6000亿元,达6 475.20亿元,全省总人口为10 081 232人(2020年第七次全国人口普查结果,2021年5月10日公布),人均GDP 6.42万元,远低于全国平均水平(8.10万元)。按不变价格计算,2021年海南省GDP同比增长11.2%,名义增速最快的地区是受益于石油炼化工业的洋浦区,相比上一年度增长了34.2%。

海南自贸港既是我国进一步深化改革开放的试验田、西南腹地走向世界的前沿,又是开发利用南海资源的前沿基地,不仅能加快海南省的经济发展,还将重塑南海格局,它有望成为连接内陆和泛南海区域的国际贸易、物流的重要支点,与海上丝绸之路各经济体一起,整合人才、技术、产能等资源,推动泛南海经济合作圈建设,推动南海油气资源和平开发利用。南海是"世界油气资源七大集中区"(中东、里海、加勒比海、西伯利亚、西非、南海、墨西哥湾)之一,蕴藏着丰富的石油、天然气和天然气水合物资源，资源开发潜力巨大，素有"第二个波斯湾"美誉。海南省发展油气产业除了有独特的资源优势之外，还有港口运输优势、"双循环"区位优势和自贸港政策优势。油气产业的发展不仅可以促进海南省经济社会的发展，而更重要的是对缓解我国能源短缺、降低对国外油气的依赖具有重要的作用。

南海是我国海洋石油事业的发祥地。我国在南海北部海域的油气勘探历史悠久，主要经历了自营探索阶段（1980年以前）、对外合作与自营并举勘探阶段（1980—1990年）、滚动勘探开发阶段（1991—2006年）、自主勘探开发阶段（2007年以来）。南海勘探不断取得突破，源源不断地为祖国提供油气资源。从1960年，在莺歌海盐场水道口以南1.5km处钻的第一口井——英冲1井，到崖城13-1气田、陆丰13-1油田群、流花11-1大油田、荔湾3-1深水大气田、深海一号（陵水17-2）的开发，南海北部海域实现了油气并举开发的跨越式发展。我国地质工作者通过不断提升理论认识和科研水平，相继攻克多项关键核心技术，创新深水、高温高压天然气成藏理论，突破高温高压钻井、低阻油藏识别、深水钻完井等难题，实现了我国自营勘探开发的第一个深水大型气田（深海一号）的正式投产，同时使海上油气勘探开发装备的核心零部件国产化制造、装配工艺及海上安装等多项技术加大升级，数字化、智能化油气田和炼厂建设的不断推进，极大促进管理的变革，实现海上勘探开发降本增效，也提高了后勤保障的响应速度。目前，南海北部海域已建成规模较大的油气生产基地，2022年年产量超过2800万t油当量，成为我国海上第二大能源基地。

海南本岛福山凹陷的油气勘探自1958年开始，历经地质普查（1958—1975年）、石油会战（1976—1984年）、对外合作（1985—1988年）和自营勘探（1988年至今）4个阶段，1999年9月9日实现工业突破，2000年试生产原油突破1万t。目前该区域有花场、朝阳、美台、永安、白莲等油气田投产，建成了40万m^3油气当量的年产能，截至2019年9月，已累计生产原油355万t、天然气27亿m^3，完成投资100亿元，产值155亿元，缴纳税费33亿元，为海南经济发展作出较大贡献。

1996年初，琼东南盆地崖13-1气田建成投产，开创了海南省油气资源开发利用的新历程。1997年至2005年为海南省油气产业的起步阶段，从2006年开始，海南省油气产业逐渐发展壮大，2018年，海南省油气产业规模以上工业产值达1005亿元，首次突破千亿元，占全省规模以上工业产值的45.2%。在海域油气探采相关产值未完全纳入海南省统计的情况下，油气产业就已经成为海南省工业经济的龙头支柱产业。

经过多年发展，海南省已经初步形成了集"勘探、开发、加工、仓储、物流、销售"于一体的较为完整的油气产业体系，为国家重大战略服务保障区的建设提供了产业支撑。上游勘探开发业务方面，海上中海石油（中国）有限公司（简称"中海油"）在海南设立分公司和陆上中国石油天然气集团公司（简称"中石油"）海南福山油田勘探开发有限责任公司共同构建了海陆并举新格局。中游管道网络建设持续完善，天然气主干管道总里程达947km，环岛天然气主干管网闭合成环，覆盖沿海12个市、县。下游油气加工产业形成了"三个龙头和三条产业链"，即以海南炼化为龙头的石油化工产业、以中海化学为龙头的天然气化工产业、以东方石化为龙头的精细化工产业。

"南海油气"丛书是长期从事和关注南海油气产业发展的研究人员在大量研究工作的基

础上,结合国家战略、海南经济社会发展需要,分析总结提炼而成的。丛书以介绍整个南海地质背景为开端,重点叙述南海北部海南岛周边四大近海盆地,兼顾中南部诸盆地油气成藏地质条件和勘探开发历程,在充分分析研究的基础上展望了我国南海油气勘探开发前景,最后聚焦海南油气产业发展,提出了相应的对策建议。全套丛书共分为三册,其中,《南海油气地质概况与资源基础》由黄仕锐、龙根元、吴时国等主笔,主要介绍南海地质概况、常规油气和天然气水合物资源成藏地质条件及其资源潜力等;《南海油气勘探开发回顾与展望》由汪贵锋、秦菡、王子雯等主笔,主要对南海油气资源的发现和勘探开发历程进行了系统梳理,对勘探开发现状与形势进行了认真总结,对勘探开发前景做出了分析与展望,并相应地给出了建议;《南海油气工业利用与发展战略》由王子雯、郑建宜、王艳霞等主笔,主要介绍国内外油气工业发展情况、南海油气工业发展现状、油气产业最新发展动态、"双碳"战略目标给油气产业带来的挑战和机遇,并就南海油气产业发展提出了相对应的战略建议;汪贵锋、吴时国最终统稿。参加本丛书编写、制图等工作的人员还有韦成龙、方小宇、覃茂刚、冯悉尼、刘芝京等同志,限于篇幅不一一列举。在此,向辛勤付出的同志们道一声辛苦了。

值此"南海油气"丛书出版之际,谨向为编写本丛书付出辛勤劳动的专家、学者,以及关心支持南海油气产业发展的所有同仁表示衷心的感谢!由于笔者水平有限,不足之处在所难免,恳请各位读者批评指正。

前言 PREFACE

南海，为南中国海、中国南海，位于中国大陆的南方，是太平洋西部海域，是西太平洋最大的边缘海之一，面积近 300 万 km^2，处于印度-澳大利亚、太平洋和欧亚三大板块的聚合地带，地形起伏特别复杂，地貌类型比较齐全。受到上述三大板块相互作用的影响，南海成为一个地质构造极其复杂、经过多次海底扩张的边缘海。不同的构造位置和边界条件，造就了南海北部张裂边缘构造带、东部马尼拉海沟俯冲带、南部碰撞构造带及西部走滑断裂带的构造格局。复杂的地形地貌及地质构造活动，形成了南海丰富的地质资源，包括分布广泛的岛礁资源、种类繁多的矿产资源、海洋"热带雨林"珊瑚礁资源、热带特色的地质旅游资源以及储量丰富的油气和天然气水合物资源。

海南省虽是一个陆域小省，但又是一个海洋大省，管辖了南海约 200 万 km^2 海域面积。因海南自由贸易港、海洋强省及海洋强国等战略的需要，海南省目前比以往任何时期都迫切需要知海、用海、护海。南海是中国的南大门，是海南省连接世界的纽带；南海是资源宝库，是海南省人民赖以生存并创造财富的宝地；南海是贸易往来频繁之海，是海南自由贸易港建设的有力保障。因此，我们只有了解南海地质历史、现状格局、资源情况等，才能真正做到经营好南海，扬起自贸港风帆，乘风破浪，攻坚克难，满载而归。

《南海油气地质概况与资源基础》作为"海南油气"丛书之首，包含了南海地形地貌及地质资源概况、南海地层与地质构造特征、南海北部盆地油气资源、南海中南部盆地及中生界油气资源、南海天然气水合物资源 5 部分内容，目的是为丛书作好基础铺垫，让大家了解南海地形地貌、地质资源概况、地质构造历史、油气资源和地质条件、天然气水合物资源及勘探与研究现状。在此基础上，本书一方面丰富了南海的地质及资源信息量，另一方面能方便读者更好地理解本丛书后面的内容。

本书前言由龙根元编写，第一章、第二章由龙根元、韦成龙、徐子英编写，第二章、第三章由黄仕锐、方小宇编写，第五章由吴时国编写，结束语由黄仕锐总结，全书最后由汪贵锋统阅定稿。秦菡、覃茂刚、郑建宜、王艳霞参与了图件编辑、文字校对工作。

本书主要是在以往资料和文献基础上加以总结概括而来的，资料收集过程得到了自然资源部地质勘查管理司、矿业权管理司、油气资源战略研究中心、信息中心，中国地质调查局油气资源调查评价中心，广州海洋地质调查局，中海石油（中国）有限公司北京研究中心、湛江分公司、海南分公司，海南福山油田勘探开发有限责任公司，南方海洋科学与工程实验室（湛江），中国科学院深海科学与工程研究所等单位或部门的大力支持，为项目组提供了大量翔实的基础资料。本书的出版受到海南省重点研发计划高新技术方向项目"琼东南盆地天然气水合物资源评价与目标优选"（ZDYF2023GXJS008）和"基于海洋钻探的井下式多功能取样测试系统研发与应用"（ZDYF2023GXJS011），国家自然科学基金-广东联合基金（重点）项目"南沙海区减薄陆壳裂陷盆地构造演化及特色深水油气系统"（U1701245）等的资助，得到了相关文献作者无私提供的资料和信息。在此一并致以衷心的感谢！

受笔者水平所限，本书难免存在不足之处，恳请读者批评指正！

编著者
2023 年 7 月于海口

目录
CONTENTS

第一章　南海地形地貌及地质资源概况 ……………………………………… (1)

 第一节　地形地貌 …………………………………………………………… (3)

  一、地形特征 ………………………………………………………………… (3)

  二、地貌特征 ………………………………………………………………… (7)

 第二节　地质资源概况 ……………………………………………………… (11)

  一、岛礁资源 ………………………………………………………………… (11)

  二、矿产资源 ………………………………………………………………… (12)

  三、珊瑚礁资源 ……………………………………………………………… (13)

  四、地质旅游资源 …………………………………………………………… (14)

  五、油气资源 ………………………………………………………………… (15)

第二章　南海地层与地质构造特征 …………………………………………… (17)

 第一节　南海地层特征 ……………………………………………………… (19)

  一、南海北部地层特征 ……………………………………………………… (19)

  二、南海南部地层特征 ……………………………………………………… (23)

 第二节　南海地质构造特征 ………………………………………………… (25)

  一、地质构造 ………………………………………………………………… (25)

  二、岩浆活动 ………………………………………………………………… (30)

  三、主要构造运动 …………………………………………………………… (36)

  四、主要断裂特征及新构造运动 …………………………………………… (43)

第三章　南海北部盆地油气资源 ……………………………………………… (51)

 第一节　南海北部陆缘盆地地质特征 ……………………………………… (53)

  一、珠江口盆地 ……………………………………………………………… (53)

  二、琼东南盆地 ……………………………………………………………… (58)

  三、莺歌海盆地 ……………………………………………………………… (61)

四、北部湾盆地 ………………………………………………………… (62)
　第二节　南海北部陆缘盆地含油气系统及资源潜力 ………………………… (67)
　　一、珠江口盆地 ………………………………………………………… (68)
　　二、琼东南盆地 ………………………………………………………… (74)
　　三、莺歌海盆地 ………………………………………………………… (82)
　　四、北部湾盆地 ………………………………………………………… (87)

第四章　南海中南部盆地及中生界油气资源 ………………………………… (95)
　第一节　南海中南部含油气盆地石油地质条件及资源潜力 ………………… (98)
　　一、南海中南部主要含油气盆地 ……………………………………… (98)
　　二、南海中南部主要含油气盆地石油地质条件 ……………………… (99)
　　三、南海中南部资源潜力 ……………………………………………… (107)
　第二节　南海中生界石油地质条件及资源潜力 ……………………………… (108)
　　一、南海中生界地质特征 ……………………………………………… (108)
　　二、南海中生界油气资源潜力 ………………………………………… (109)

第五章　南海天然气水合物资源 ……………………………………………… (111)
　第一节　天然气水合物概况 …………………………………………………… (113)
　第二节　天然气水合物系统 …………………………………………………… (114)
　第三节　南海天然气水合物勘探与研究 ……………………………………… (120)
　　一、南海北部水合物勘探与试采现状 ………………………………… (120)
　　二、我国水合物试采成功之路 ………………………………………… (122)
　　三、水合物的社会经济效益 …………………………………………… (122)
　　四、琼东南天然气水合物先导试验区 ………………………………… (123)
　　五、琼东南盆地水合物成藏规律 ……………………………………… (128)

结束语 …………………………………………………………………………… (132)

主要参考文献 …………………………………………………………………… (135)

"南海油气"系列

第一章

南海地形地貌及地质资源概况

第一节 地形地貌

南海是西太平洋最大的边缘海之一,面积近 300 万 km²。整个南海的外形呈菱形,沿着北东-南西向延伸。它的北界和西界为欧亚大陆,北接华南大陆及台湾海峡,西临中南半岛;东界与南界外缘围绕吕宋岛、民都洛岛、巴拉望岛、加里曼丹岛等一系列岛弧,这些岛弧构成南海东南外缘的自然边界,由于仅通过巴士、民都洛等少量海峡与外界相通,南海成为半封闭的边缘海。

南海因处于印度洋、太平洋和欧亚三大板块的聚合地带,地形起伏特别复杂,地貌类型比较齐全,主要有陆架(岛架)、陆坡(岛坡)、深海盆地等。南海面积大,水域深,从周边向中央深海盆地,水深逐渐增大。南海陆架(岛架)的水深在 200~250m 之间,地形变化不大,地势较为平坦,发育有水下阶地、河口三角洲、水下浅滩、水下古河谷、水下沙坝、垄岗等。陆坡(岛坡)是南海分布最广的地貌单元,水深在 200~3800m 之间,海底构造复杂,地形起伏很大,并发育海底高原、海山、海丘、海槽、海沟、海谷等地貌。南海深海盆地位于南海中央偏东方向,亦呈菱形,周边被大陆坡和岛坡环绕,发育深海平原、海山、海沟、海槽、海洼等地貌(图 1-1)。

一、地形特征

(一)陆架(岛架)

1. 北部陆架

北部陆架位于南海的北部,北靠华南大陆,西临海南岛,东北连接台湾海峡,南部过渡至南海北部陆坡。该陆架等深线较平直,且大致与华南大陆海岸线平行,总面积约为 21.3 万 km²,地形平坦,平均坡度为 0.06°,坡折线水深为 200~250m,从华南大陆海岸线向海延伸宽度为 190~310km,自西向东宽度逐渐减小,平均宽度为 260km。北部陆架的海底发育浅滩、暗沙、水下三角洲等地形单元,其中较大的浅滩为台湾浅滩。

2. 北部湾陆架

北部湾是一个半封闭的浅水海湾,北、东、西三面被陆地环绕,陆架坡折线水深约为 250m。该陆架水深自北、东、西三面向中部和东南部增大,中部水深约 60m,海底地形平坦,整体上自岸边向中部和湾口处缓慢倾斜,平均坡度为 0.06°。近岸地区水下岸坡发育,在我国

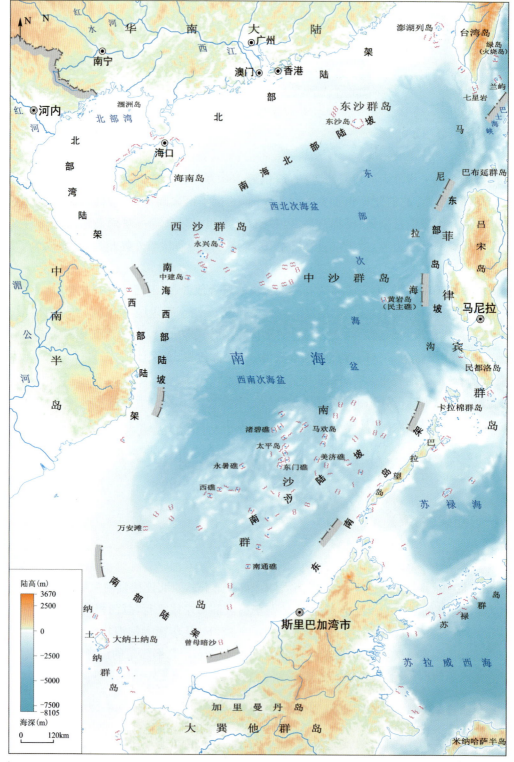

图 1-1　南海地形图(据中国地质调查局广州海洋地质调查局,2015)

审图号:琼 S(2023)284 号

琼西、琼南及越南东北部水下岸坡的坡度相对较大。北部湾北部和中部海底地形平坦,南部湾口坡度较北部大。在红河河口区,水下三角洲地貌明显发育,地形向东南方缓缓倾斜下降。北部湾南北向长约610km,东西向宽180～310km,面积约17.9万km²。

琼州海峡位于海南岛和雷州半岛之间,长约80km,宽20～30km,最深处达120余米。海峡内潮流流速快,因强烈冲刷,海底遭受切割,发育长条状东西向延伸的槽、滩相间排列的地形。海峡中部水深大,向东西两端水深逐渐变小。

3. 南部陆架

南部陆架是指海盆西南端曾母暗沙、纳土纳群岛和昆仑群岛所环绕的海域,即著名的北巽他陆架。我国的曾母暗沙、南康暗沙和北康暗沙等都位于南海南部陆架的北部,构成了我国领土最南的疆界。南部陆架的地形地貌特征与北部陆架大致相似,陆架宽阔,地形平坦。陆架水深较浅,陆架坡折线水深为170～250m,平均坡度为0.02°,自北向南缓缓倾斜。几个水下古三角洲在南部陆架汇聚:陆架的西北部湄公河古三角洲、陆架的东南部加里曼丹河系(巴兰河、拉让河、卢帕尔河等)古三角洲以及在二者之间的古巽他河系三角洲。这些三角洲的沉积盆地蕴藏着丰富的油气资源。目前,陆架上不同的水深阶地表明了第四纪以来不同时期低海面的遗迹。相关研究表明,在南海西南部马来西亚半岛东海岸海底5m以浅发现红树林、沼泽地、淡水湿地、红土化地面及滨海卵石等物质。

4. 东部岛架

东部岛架是南海外缘岛弧内侧的岛架,从北到南依次由台湾岛、吕宋岛、民都洛岛和巴拉望岛等组成。岛架呈狭窄的长条形,走向基本与海岸线平行,为东北向。岛架平均水深约60m,平均坡度约0.1°,坡折线水深165～250m,但在部分海区仅有20m。岛架上发育岛礁滩,其外缘受吕宋海槽东缘断裂和南沙海槽南缘断裂控制,表现出断阶型的岛架性质。

5. 西部陆架

西部陆架依着中南半岛,北起北部湾河口至湄公河三角洲。南海西部大陆架受越东大断裂的控制,使其范围局限在狭长地带,地形紧依越南东海岸呈条带状分布,南北两端稍宽,南北方向上距离约1000km。东西方向上宽度较窄,仅40～50km,大陆架总面积约6.6万km²。大陆架地形整体平坦,自西向东缓缓倾斜下降。陆架坡折线水深约250m,陆架内平均水深约112m。

(二)陆坡(岛坡)

陆坡即从陆架外缘下降到深海盆地的斜坡,是大陆架与深海的过渡地带,包括了从陆架坡折线到深海边界的整个坡度范围,面积约120万km²,水深为150～4400m。南海大陆坡地形复杂,水深变化较大。大陆坡的宽度、地形、坡度、水深受到沉积作用和构造作用的影响,变化较大。

1. 北部陆坡

南海北部陆坡的面积约 20.6 万 km²，整体呈北东走向，长约 930km，与华南沿岸陆地走向相同。它连接着南海北部陆架及深海盆地，东西两端稍窄，中间宽广，在东沙斜坡处最宽，为 300km。陆坡坡脚线水深 2800～3800m，地形起伏很大。陆坡从西北往东南方向水深逐渐增大，与深海盆地交接处有南海陆隆存在。

2. 西部陆坡

西部陆坡的面积约 38 万 km²，整体呈北宽南窄，南北长约 970km。南海西部水深变化较大，地形相当复杂，陆坡坡脚线水深 3400～4300m，下陆坡陡，断崖地貌常见。我国的西沙群岛、中沙群岛是西部陆坡海底高原上发育的珊瑚礁岛。西沙高原受近东西向的西沙断裂和北东向的中沙西断裂控制，水深 1000～1500m，发育多条呈放射状的沟谷和千米厚的珊瑚礁地层，形成水深数 10m 的礁盘平台。西沙群岛是礁盘上出露海面的珊瑚礁岛。中沙高原比较平坦，水深约 200m。中沙群岛由高原面上发育的暗礁、暗沙和浅滩组成。

3. 南部陆坡

南海南部陆坡的面积约 57.4 万 km²，西南部宽，东北部窄，水深 250～4400m，水深大于 1000m 以上的海域占大部分。南海南部陆坡地形变化较大，有明显的坡度变化，发育 200 多座岛、洲、礁、滩，形成了南沙群岛。陆坡受多组断裂影响形成了十分发育的槽谷系统，其中有多条水道，如南华水道、南沙东水道、中央水道等。在南海海槽东北端发现海底火山。

4. 东部岛坡

东部岛坡的面积约 13.9 万 km²，为狭窄的岛坡，呈狭长的条带状，近南北向展布。东部岛坡朝着中央海盆方向，自东向西水深逐渐增大，其中水深变化也较大，地形起伏明显，发育海沟、海槽、脊岭等。吕宋岛西侧的坡底是呈向西的"品"字形的马尼拉海沟，水深 4800～4900m，是菲律宾海板块和东亚大陆板块的分界线，也是南海唯一的海沟。

（三）深海盆地

深海盆地为南海中部地形低陷的边缘海盆地区，水深 3400～5000m，平面形态上呈东北向菱形展布，东北向长约 1480km，西北向宽约 800km，面积约 46.2 万 km²。海盆四周为地形复杂多变的陆坡和岛坡，盆地中深海平原地形相对平坦开阔，平均坡度小于 0.1°，但发育由多座高耸的海山和低矮的海丘组成的海山群（链），以及地形洼陷的盆地和海沟。盆地中海山有东西向展布的珍贝-黄岩海山链，近似南北向展布的中南海山群和东北向平行展布的长龙海山链、飞龙海山链等。总体上，南海海盆的次级地形单元共 5 个，分别为珍贝-黄岩海山链、长龙海山链、飞龙海山链、双龙海盆、马尼拉海沟。

海盆次级地形中，规模巨大的海山链有 3 个，分别为珍贝-黄岩海山链、长龙海山链、飞龙海山链,此外还有负向地貌的双龙海盆、马尼拉海沟。珍贝-黄岩海山链位于南海海盆中部,呈北东东向展布,长约375km,宽40~90km,面积约2万km²。长龙海山链位于南海海盆的西南部,发育在4300~4450m水深段内,呈北东向延伸,面积约5000km²。飞龙海山链位于南海海盆的西南部,平面形态上呈东北向展布,发育在4300~4500m水深段内,面积约7.5万km²。双龙海盆位于南海海盆的西南部、长龙海山链与飞龙海山链之间,呈长条状东北向展布,长约185km,最大宽度约39km,面积约4700km²。马尼拉海沟是一个呈长条状近南北向展布的负地形,长约1000km,与西侧的中央海盆相对高差达800~1000m,海沟底部多处分布深达5000m的洼地。

二、地貌特征

地壳表面的地貌是受到地球内营力和外营力长期共同作用而形成的。内营力是地球内部产生的改变地表形态、岩石特征的力量,内营力的作用是形成地壳表面地貌起伏基本轮廓的重要原因。外营力是地球以外所产生的改变地表形态、地壳结构构造和地壳岩矿成分的动力,外营力的作用是对地貌基本轮廓不断进行风化、侵蚀、搬运和堆积的重要原因。由于海底被海水覆盖,海底地貌形态主要受内营力的影响。南海地貌是喜马拉雅期南海构造运动演化的结果。南海处于欧亚板块、太平洋板块和印度-澳大利亚板块之间,受海底扩张及相邻大陆断裂解体沉陷作用影响,构成了陆架、陆坡和深海盆地之间的各大型地貌单元的分界线。

地貌形态可以反映南海成因及其成因控制形态的内在联系,本书的南海海底地貌分类主要参考中国科学院地貌图集编辑委员会编著的《中华人民共和国地貌图集(1∶1 000 000)》(2009年),依据形态与成因相结合的原则,按地貌成因的主导因素和分布规模,运用分析组合的方法,本书重点介绍了南海的二级地貌和三级地貌。其中南海二级地貌是按形态特征、地质构造和外营力因素划分的大型地貌,即陆架(岛架)地貌、陆坡(岛坡)地貌和深海海盆地貌。三级地貌是在二级地貌的基础上,按地貌形态特征划分出来的中型地貌,如陆坡陡坡、海沟等。

(一)陆架

1. 北部陆架

北部陆架的走向与华南大陆岸线大致平行,是在北东向的陆缘陆壳型的地堑和地垒基础上发育形成的,新生代沉积不但填满了地堑,还覆盖了隆起的地垒,形成大面积的陆架平原或水下三角洲。陆架宽缓平坦,沉积物厚度大,成为陆壳地堑带型陆架的明显特点。南海北部陆架表现出隆起和洼陷相间的地貌,明显受到万山地堑、珠一-珠三地堑、东沙-神狐地堑、珠二地堑以及一系列晚白垩世至古近纪红层盆地基底构造的控制。由于板块运动、地质构造、海平面变化、现代海水动力等多种内外营力的长期作用,区内发育的次级地貌单元较多。

北部陆架宽度主要受基底的地质构造和陆源碎屑物质多少的影响,广东东部外海在地质构造上是东沙隆起往北的延伸,基底原始地形凹曲较深,影响沉积物的沉积,导致陆架坡度相对较大,陆架宽度相对较窄。珠江口以西的陆架较宽,是珠江水系的大量陆源碎屑物质往水

下输送堆积形成的水下三角洲不断向外延伸堆积的结果。

南海北部陆架的三级地貌类型可分为水下岸坡、陆架堆积平原、陆架堆积-侵蚀平原、现代三角洲、古三角洲、大型浅滩、陆架浅谷等。在海南岛和雷州半岛之间的陆架发育潮流沙脊群和陆架洼地等三级地貌。广东、台湾陆架内浅滩众多,以台湾浅滩最大。台湾浅滩位于台湾海峡南部,长约180km,最宽处约70km,面积约8500km^2,主要由水下沙丘和少量沙垄组成,地形变化复杂,沙丘密布,沟谷相间。沙丘顶部水深10~20m,相对高差5~20m。

2. 北部湾陆架

北部湾陆架周边入海河流较多,西部越南沿岸有红河、蓝江等,北部和东部主要有南流江、钦江、茅岭江、九洲江等。这些河流携带丰富的泥沙入海,对本区的地貌类型演化起着非常重要的作用。北部湾海底地貌类型相对简单,其三级地貌主要有水下岸坡、陆架堆积平原、陆架侵蚀-堆积平原、现代三角洲、潮流沙脊群、陆架洼地,四级地貌主要有沙脊等。沙脊和槽谷纵横交错,宽1~3km,长10~30km。河口水下三角洲以红河水下三角洲最为典型,其中水深10~40m处坡度特别平缓,而水深40~50m处坡度明显变陡。

3. 西部陆架

西部陆架北起北部湾南端,向南延伸至越南湄公河口以北区域。西部陆架地形依中南半岛东岸呈条带状分布,宽40~300km,相当狭窄,地形自西向东缓缓倾斜下降并向陆坡过渡。陆架地形近岸带相对较陡,离岸较远地带较平缓,总体平均坡度约为0.1°。陆架外缘水深200~300m,以深则过渡到地形复杂的陆坡区。西部陆架地形平坦,地貌类型简单,但在不同地带地貌特征仍有所差别,可分为水下岸坡、陆架侵蚀-堆积平原、大型浅滩等。

4. 南部陆架

南部陆架指湄公河以南至加里曼丹岛的浅海海域,发育水下岸坡、陆架堆积平原、陆架阶地、现代三角洲、大型浅滩和陆架浅谷等三级地貌单元。陆架地形宽阔平坦,陆架浅谷较为发育,呈树枝状展布于海底,走向有北东向、南北向和北北西向,总体上沿着陆架向南沙陆坡倾斜。陆架浅谷宽3~5km,切割深20~30m,可能是更新世时期的巽他河系侵蚀切割形成的沟谷,被全新世时期的海水淹没,逐渐演化为现今的地貌。

5. 东南岛架

东南岛架发育于加里曼丹岛、巴拉望岛西缘浅海。该区域岛屿、浅滩甚多,发育的地貌类型较为简单,主要有水下岸坡、陆架堆积-侵蚀平原和大型浅滩等。浅滩一般呈椭圆状,规模较小。

(二)陆坡(岛坡)

1. 北部陆坡

南海北部陆坡东起台湾岛的东南端,西至西沙海槽,坡脚线水深为3400~3700m。该陆坡是在过渡壳陆缘地堑带的基础上形成的,地形自西北向东南下降。南海北部陆坡地貌形态自西向东渐趋复杂,西段陆坡斜坡宽160～180km,地形起伏小,仅见小型沙丘,相对高差为50～100m;中段陆坡斜坡宽为250～280km,海底起伏较大,一般海丘相对高差为150～200m;东段陆坡斜坡宽为140～150km,地形复杂,发育陆坡斜坡、陆坡陡坡、海山、海丘、海底峡谷等地貌单元。

2. 西部陆坡

由于构造运动和地质作用,南海西部陆坡地貌类型复杂,发育陆坡盆地、陆坡斜坡、陆坡陡坡、海山、海丘等地貌单元。

西沙海槽和中沙海槽发育地形平坦的槽底平原、陆坡陡坡和陆坡斜坡等三级地貌单元,呈长条带状展布。西沙海槽环绕在西沙群岛的西面和北面,两侧槽坡地形陡峭,槽底自西向东逐渐变窄,水深由浅变深,地形平缓地向东倾斜。西沙海槽的南、北部陆缘的地壳结构差异较大,反映它们原来可能是两个地块,后来沿西沙海槽缝合。由此可见,西沙海槽断裂带是由这条缝合线发育而来的,它应是岩石圈断裂。西沙海槽西段呈北东向展布,海槽的槽底较宽,槽底和槽坡是逐渐过渡的。从地貌特征分析,西沙海槽西段与东段的形成时间有所不同。西段受北东向断裂控制,其基底深浅不一,发育几个北东向排列的小断凹。槽底新生代沉积厚度为3000～5000m,可能是在第一次板块构造运动拉张应力作用下形成断陷洼地的基础上发展起来的。

中沙海槽发育槽底平原和陆坡斜坡等三级地貌单元。海槽的东南斜坡的平均坡度比西北大。中沙海槽两侧的斜坡地形复杂,既有与海槽平行的陡坎,也有与海槽垂直的冲刷沟谷。中沙海槽可能是在南海第一次板块构造运动拉张力作用下,莫霍面上隆使同属元古宙的西沙地块和中沙地块分裂并形成断裂槽谷所致。海槽东北口地壳厚度最薄,只有4.95km。沿海槽两侧走向发育一系列断裂带,且从两侧向中间断落,槽底平原被后期沉积物充填。

3. 南沙陆坡

南沙陆坡西起南部陆架外缘,东至马尼拉海沟南端,呈北东向延伸,长约1300km,面积约57.4万 km²。陆坡最为显著的地貌特征是南沙海底高原,高原顶面发育地形起伏的斜坡海台顶面,以及海台顶面上的南沙群岛。南沙海底高原在构造上处于南沙断块构造带上,周缘多被北东向及东西向的深大断裂切割,其中以北东向为主。北界和西界与南海海盆以断裂相接,水深直落至3800～4000m深的深海平原,东界与最大水深达3000m的南沙海槽亦为断裂接触,结果使南沙群岛区构成地垒式的隆起区。海槽东部是绵延220km的巴拉望山脉,其主峰京那巴鲁山高达4095m,峰顶与海岸线水平距离仅为20～30km,与南沙海槽槽底高差达7300m。由此可见,南沙海底高原东部的海陆地形反差十分强烈,仅在高原南部因邻接巽他陆架而显得地势略缓。

南部陆坡大部分海域水深在1000～3500m之间,海底地形起伏不平,地貌类型多,有陆坡槽底平原、陆坡盆地、陆坡斜坡、陆坡陡坡、陆坡海台顶面、海山、海丘等地貌单元。

4. 东部岛坡

东部岛坡是指台湾岛和民都洛岛之间、巴士海峡和吕宋岛以西的大型海底地貌单元。东部岛坡呈长条状近南北向延伸,与马尼拉海沟相邻。因受近南北向的深断裂控制,岛坡在地貌上表现出海槽槽底平原、海脊、斜坡相间排列的形态,地质构造复杂,坡度陡,地形起伏变化大。岛坡地形整体呈自东向西下降趋势,坡底为马尼拉海沟。岛坡发育的次级地貌单元为海槽槽底平原、海脊、斜坡和阶地。

(三)深海盆地

南海中央发育大型深海盆地地貌,称为"南海海盆"。南海海盆周边为规模巨大的岩石圈断裂或地壳断裂,围成菱形的洋壳地堑盆地。南海海盆四周被地形复杂多变的陆坡(岛坡)包围,西沙及中沙海底高原靠近海盆的边坡。南沙海底高原的北侧边坡以及马尼拉海沟的东侧等都具有鲜明的断崖地貌特征。南海海盆地形低陷而平缓,水深3400~4500m,总体呈北东-南西向菱形展布。它大致以南北向的中南海山群为界分为东部次海盆和西南次海盆两个区域,但总体上仍为1个二级地貌单元。南海海盆发育的地貌类型较为简单,可分为深海平原、海山、海丘、盆地、海沟5个三级地貌单元,大部分地区为平缓的深海平原,海山、海丘星罗棋布。

1. 东部次海盆

东部次海盆是南海海盆的主体,大致以珍贝-黄岩海山链为界,分为南海盆和北海盆两部分。该海盆具有大洋型地壳结构,基底层顶面起伏不平,沉积层厚2~3km,其下部随基底起伏,上部产状水平,使海盆形成大片平坦的深海平原。在沉积物覆盖不多的地方有隆起的海山和海丘,是火山岩盘上拱造成的。

2. 西南次海盆

西南次海盆一般是指中南海山西南的狭长深海盆地,西北面与盆西南海岭山麓相接,东南面与南沙岛坡相接,水深在3300~4500m之间,整体地形自西南向海盆中央缓慢倾斜变深,平均坡度0.17°。西南次海盆同样分布众多海山,并构成两列北东向延伸的海山链,即长龙海山链和飞龙海山链。海山链之间为地形深陷的双龙海盆。

3. 西北次海盆

西北次海盆位于南海海盆西北部,隔中南断裂与东部次海盆相邻。该海盆在南海3个次海盆中面积最小,整体呈北东走向,东宽西窄,最大宽度约140km。海盆内整体地势平坦,水深3000~3800m,自西南向北东略微倾斜,西南部海底坡度约3.43°,东北部坡度约0.57°。沉积厚度1~31km,海盆中间分布一条北东走向的双峰海山(钱星等,2017)。

4. 马尼拉海沟

南海海盆与东部岛坡相接地带为长条形近南北向展布的负地形,长约1000km,沟底窄而深,称为马尼拉海沟。马尼拉海沟与西侧中央海盆的相对高差达800～1000m,海沟底部多处分布深达5000m的洼地。有一些海山、海丘出现于海沟之中或其附近,使海沟变窄甚至被分隔成几段,其中海沟中段尚有东西向的线状海丘脊横截。海沟底部宽度不一,最宽处大于20km,最窄处不到5km,一般为十多米,大体上南部较北部宽。海沟沟底叠置着不少南北向的细窄纵谷,表明沟底并不平整。海沟东西两坡也不对称,东坡陡峻,为吕宋岛和巴拉望岛岛坡下部;西坡和缓,渐变为深海平原,界线不明显。

第二节 地质资源概况

一、岛礁资源

(一)海南岛及周边岛屿

海南岛地处北纬18°10′—20°10′,东经108°37′—111°03′,岛屿轮廓形似一个椭圆形大雪梨,长轴呈东北-西南向,长约290km,西北至东南宽约180km,面积约3.39万km²,是国内仅次于台湾岛的第二大岛。海南岛海岸线总长约1944km,大小港湾68个,周围-105～-5m的等深地区面积达2 330.55km²,相当于其陆地面积的6.8%。

海南岛周边散布着272个岛礁,沿海12个市县近岸均有岛礁分布,岸线总长为359.07km。岛礁以海南岛为依托呈环带状分布,最远的七洲列岛距离海南岛本岛约30km,其余海岛距海南岛均不超过6km,还有很多海岛在海南岛岸线以内,低潮时可涉水相通。构成海岛的物质基础主要是花岗岩、玄武岩、河海沉积物、河流冲击物或基岩残坡积物等。海岛陆域地貌类型以剥蚀侵蚀丘陵、熔岩台地、滨海三角洲平原、海积阶地为主,海岛岸线主要为基岩岸线、砂砾质岸线、淤泥质岸线和少量人工岸线。海岛潮间带以岩滩、海滩(砂砾质滩)和潮滩(淤泥质滩)为主,部分海岛潮间带发育红树林滩和珊瑚礁坪。

(二)西沙群岛

西沙群岛位于南海中部,海南岛东南侧,由63个岛、礁、沙、滩组成,总面积约305.59km²。其中,海岛54个,面积约7.93km²;干出礁5个,面积约173.45km²;水下暗沙(滩)4个,面积

约 124.21 km²。该群岛大致以东经 112°为界,东为宣德群岛,西为永乐群岛。

(三)中沙群岛

中沙群岛位于南海中部海域,北起神狐暗沙,南止波伏暗沙,东至黄岩岛,海域面积 60 多万平方千米,岛礁散布范围仅次于南沙群岛,是穿越南海航道的必经之地,西北距永兴岛约 220 km,距海南岛榆林港约 570 km。

中沙群岛由中沙环礁、黄岩岛、宪法暗沙、中南暗沙、神狐暗沙和一统暗沙组成,大部分被水淹没。中沙环礁由 44 个暗沙组成,暗沙总面积约 514.33 km²,其中最大的为比微暗沙,面积约 61.06 km²。

黄岩岛是中沙群岛唯一露出水面的珊瑚礁,实为包括南岩和北岩在内的一个大环礁,略呈等腰直角三角形,周长约 55 km;外围环礁面积约 48.99 km²,内部潟湖面积约 76.46 km²。1947 年取名为民主礁,1983 年更名为黄岩岛,位于中沙群岛东端,靠近菲律宾,西距中沙大环礁约 315 km。

(四)南沙群岛

南沙群岛位于南海南部,北起雄南礁,南至曾母暗沙,西为万安滩,东为海马滩,是我国南海四大群岛中位置最南、岛礁最多、散布最广的群岛,海域面积约 88.6 万 km²。南沙群岛由 298 个岛、礁、沙、滩组成,总面积约 1 516.96 km²。其中,海岛 36 个,面积约 8.45 km²;干出礁 48 个,面积约 398.13 km²;暗(沙)礁 211 个,面积约 1 110.33 km²;人工岛 3 个,面积约 0.046 km²。

二、矿产资源

(一)陆域矿产资源

海南省矿产资源种类比较齐全,截至 2010 年底,已发现的矿产有煤、石油、天然气、油页岩、铁、锰、钛、铬、铜、铅、锌、铝、镍、钴、钨、锡、钼、锑、金、银、铌、钽、锆、铪、镓、镉、稀土元素、铍、铷、钍、铀、石灰岩、白云岩、石英岩、脉石英、耐火黏土、萤石、硫铁矿、重晶石、泥炭、磷、水晶、云母、沸石、宝石(蓝宝石、红宝石)、石英砂、硅藻土、水泥配料用页岩、高岭土、膨润土、黏土、饰面花岗岩、大理岩、硅灰石、建筑用玄武岩、地下水、地下热水、饮用天然矿泉水等 88 种。其中,燃料矿产 25 处,黑色金属矿产 63 处,有色金属矿产 31 处,贵金属矿产 20 处,稀有、稀土、分散元素矿产 66 处,放射性矿产 1 处,非金属矿产 245 处。大型矿床 70 处,中型矿床 126 处,小型矿床 255 处。

按矿床形成的地质作用,海南省矿床可归为 4 种类型:一是与沉积作用有关的成矿类型,二是与岩浆作用有关的成矿类型,三是与变质作用有关的成矿类型,四是与风化作用有关的成矿类型。沉积型矿种有磷、锰、铀、钛、锆、石油、天然气、褐煤、油页岩、石英砂、硅藻土、水泥配料用页岩、泥炭、高岭土、沸石、膨润土等,岩浆型矿种有金、银、铌、钽、铁、铜、铅锌、萤石、水晶、钨、锡、钼等,变质型矿种有石墨、白云母、铁、钴、铜等,风化型矿种有铪、镓、镉、稀土元素、铍、铷、钍、铝、镍、钴、宝石等(李孙雄等,2017)。

(二)海域矿产资源

南海近浅海海域具有远景的矿种主要有锆石、独居石、磷钇矿、铌钽铁矿、钛铁矿、金红石、白钛石等固体矿产资源。南海北部滨海砂矿资源分布很广,主要呈断续带状分布,根据砂矿种类和分布情况可划分为闽东南石英砂矿带、粤东钛铁矿-锆石砂矿带、粤西稀土-砂矿带、雷州半岛东部独居石-锆石砂矿带、琼东南钛铁矿-锆石砂矿带和桂东南钛铁矿-锆石-石英砂矿带。海南岛海岸类型多样,有利于砂矿沉积和富集,矿种主要为钛铁矿、锆石、独居石等,已探明钛铁矿、砂矿 24 处,储量 0.21 亿 t,锆石砂矿 28 处,独居石砂矿 6 处。海南岛滨海砂矿显著,具有出露地表、易开采、矿种多、品位高、储量大、质量好、分布集中等特点,锆、钛等砂矿储量居全国第一。南海锰结核主要产于陆坡中部及深海盆周缘,钴结壳则产于中央海盆和其围缘的海山、海台上(广州海洋地质调查局,2015)。

三、珊瑚礁资源

珊瑚礁被称为海洋中的"热带雨林",是海洋生态系统的重要组成部分。健康的珊瑚礁生态系统在海洋生物繁殖、海洋环境保护、海洋减灾、温室效应降低与促进休闲旅游及相关产业发展等方面发挥着重要的作用。南海海域的珊瑚礁,具有重要的国家战略意义,对海洋自然资源与环境、社会经济发展乃至科学研究均具有重要价值。

(一)海南岛

海南岛是我国珊瑚岸礁分布最多的地区,珊瑚礁面积约 140.04 km^2,东部的文昌、琼海、万宁、陵水,南部的三亚,西部的东方、昌江、临高、儋州、澄迈沿岸均有珊瑚礁及活造礁石珊瑚分布。海南岛造礁石珊瑚数量为 16 科 57 属 186 种,其中造礁石珊瑚优势资源为澄黄滨珊瑚、丛生盔形珊瑚、多孔鹿角珊瑚、风信子鹿角珊瑚、鼻形鹿角珊瑚、佳丽鹿角珊瑚、扁平角孔珊瑚、精巧扁脑珊瑚、交替扁脑珊瑚、秘密角蜂巢珊瑚、角孔珊瑚、鹿角杯形珊瑚、细柱滨珊瑚(古倩怡等,2017;黄晖等,2021)。

海南岛东岸的珊瑚礁主要分布在文昌的铜鼓岭、长圮港,琼海的龙湾、潭门,万宁的石梅湾、大洲岛和陵水的分界洲等区域,面积合计约 106.67 km^2;海南岛西部的珊瑚礁主要分布在东方的八所港、昌江的海尾、儋州的大铲礁和临高的邻昌礁等沿岸区域,面积合计约 18.97 km^2;海南岛南部从海棠湾至大小洞天沿岸均有珊瑚礁断续分布,主要是在三亚的蜈支洲、亚龙湾、大东海、小东海、鹿回头、西岛、红塘湾、大小洞天、南山、东锣岛、西鼓岛等。

(二)南海岛礁

我国南海岛礁造礁石珊瑚资源非常丰富,主要分布在东沙群岛、西沙群岛、中沙群岛和南沙群岛。

东沙群岛造礁石珊瑚数量为14科64属297种,西沙群岛造礁石珊瑚数量为15科60属251种,中沙群岛造礁石珊瑚数量为9科22属63种(潘子良等,2017),南沙群岛造礁石珊瑚数量为16科73属386种(黄晖等,2021)。

四、地质旅游资源

南海地质景观资源丰富,以海南岛为例(图1-2):喀斯特地质景观资源,包括保亭县仙安石林、儋州市石花水洞;丹霞地质景观资源,包括保亭县七仙岭、五指山市五指山、琼海市白石岭、定安县文笔峰等;水体地质景观资源,包括保亭县七仙岭温泉、万宁市兴隆温泉、琼海市官塘温泉、儋州市兰洋温泉、白沙县七差温泉、三亚市南田温泉、定安县久温塘火山冷泉、琼中县

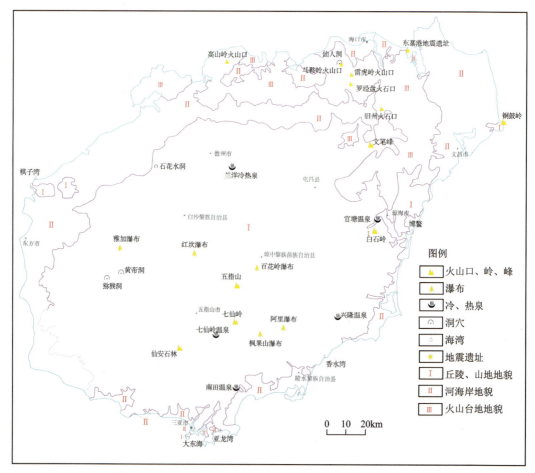

图1-2 海南岛主要地质景观资源分布简图(据李孙雄等,2017)

百花岭瀑布、保亭县枫果山瀑布、陵水县大里瀑布等；火山-地震地质景观资源，包括海口市马鞍岭火山口、海口市石山仙人洞、海口市永兴雷虎岭火山口、临高县高山岭火山口和多文岭火山口、儋州市德义岭火山口、定安县旧州火山口等；海岸带地质景观资源，包括文昌县铜鼓岭、琼海市博鳌三江并流入海和三亚市亚龙湾、大东海、大小洞天以及昌江棋子湾等。海南岛地质景观资源分区明显，喀斯特地质景观资源、丹霞地质景观资源、水体地质景观资源主要分布于中部山地、丘陵剥蚀地貌区，火山地质景观资源见于东西向王五-文教断裂带以北的火山台地地貌区，海岸带地质景观资源则主体分布在东西向王五-文教断裂带以南的堆积平原地貌区（李孙雄等，2017）。

西沙群岛地质旅游资源以海岛海岸带地质景观资源为主，该群岛海域有63个岛、礁、沙、滩，海岸带地质景观资源主要包括沙堤或者砾堤、潟湖、残丘、火山碎屑岩台地和岩滩。其中沙堤主要分布于永兴岛、东岛、金银岛、珊瑚岛、琛航岛、赵述岛、甘泉岛、北岛和中岛等，砾堤主要分布于琛航岛和东岛；潟湖主要分布于琛航岛、南岛和中建岛；残丘仅分布于石岛和东岛东北部，海岛部分沿岸因受海浪作用，海蚀槽、海蚀洞穴、海蚀槽沟发育；火山碎屑岩台地仅分布于高尖石岛，因受海浪侵蚀，形成了一个三级海蚀平台；西沙群岛等各沙岛沿岸均分布狭长的砂砾滩，岩滩主要分布于高尖石和石岛。另外在广金岛西部、晋卿岛西部、中岛北部、赵述岛东北部发育由海滩岩构成的岩滩。

五、油气资源

截至2018年底，南海海域主要发育22个含油气盆地，预测的地质资源量为石油266.42亿t，天然气约44.55万亿m^3，探明地质储量为石油31.90亿t，天然气约6.48万亿m^3，天然气水合物大于800亿t油当量（中华人民共和国自然资源部，2018）。其中北部海域盆地6个，预测的地质资源量为石油112.24亿t、天然气127 869亿m^3，探明地质储量为石油14.15亿t、天然气7826亿m^3；中南部海域盆地16个，预测的地质资源量为石油154.18亿t、天然气317 584亿m^3，探明地质储量为石油17.75亿t、天然气56 988亿m^3（表1-1）。

表1-1 南海主要含油气盆地基本信息统计表（据谢玉洪等，2020）

海域	盆地名称	预测地质资源量		探明地质储量	
		石油/亿t	天然气/亿m^3	石油/亿t	天然气/亿m^3
北部	珠江口盆地	74.32	30 000	10.36	1772
	琼东南盆地	14.89	51 607	0.15	2587
	北部湾盆地	21.18		3.47	354
	莺歌海盆地		44 209		2056
	台西盆地	0.64	1248	0.13	800
	台西南盆地	1.21	805	0.04	257

续表 1-1

海域	盆地名称	预测地质资源量		探明地质储量	
		石油/亿 t	天然气/亿 m³	石油/亿 t	天然气/亿 m³
中南部	笔架南盆地	4.17	2376		
	中沙西南盆地				
	中建南盆地	33.72	51 980		
	万安盆地	23.12	27 463	2.77	2979
	礼乐盆地	6.13	16 644	0.09	737
	北巴拉望盆地	1.37	2178		
	南巴拉望盆地	0.92	1471		
	永署盆地	0.29	294		
	南薇东盆地	0.88	897		
	南薇西盆地	8.76	13 382		
	九章盆地	0.81	825		
	安渡北盆地	0.69	708		
	南沙海槽盆地	3.21	3271	0.04	595
	文莱-沙巴盆地	31.7	15 274	9.11	6319
	北康盆地	8.86	14 855	0.06	136
	曾母盆地	29.55	165 966	5.68	46 222
	合计	266.42	445 453	31.90	64 814

"南海油气"系列

第二章

南海地层与地质构造特征

第二章 南海地层与地质构造特征

第一节 南海地层特征

一、南海北部地层特征

(一)前新生代基底

目前在南海北部陆缘北部湾盆地、珠江口盆地及琼东南盆地均已钻到前新生代基底,岩性多为花岗岩、变质岩及碳酸盐岩,地层时代主要为古生代和中生代,同位素年龄在243~61Ma之间(表2-1)。

表 2-1 南海北部新生代基底岩性表(据何家雄等,2008修改)

位置	井号	取样深度/m	岩性	时代
莺歌海盆地	HK30-3-1A	1 986.0	花岗片麻岩	前寒武纪
	YINI	3 070.4~3 071.4	混合岩	前寒武纪
	YQ2	?	碳酸盐岩	石炭纪
	LT35-1-1	1 715.0	花岗岩	三叠纪
	YIN6	2 132.1~2 222.4	凝灰质砂岩	白垩纪
琼东南盆地	YG13-1-1	3 822.2	花岗岩	三叠纪
	YG13-1-2	4 295.6	角岩	白垩纪
	YG14-1-1	3 158.0	英安流纹岩	白垩纪
	LS2-1-1	2 769.0	安山玢岩	白垩纪
	YIN9	2 850.0	花岗岩	白垩纪
	Ya8-2-1	?	碳酸盐岩	石炭纪
	BD6-1-1	2133	火山集块岩	白垩纪
北部湾盆地	涠10-3N-1	1459~1768	石灰岩	古生代
	涠6-1-1	1899~2 246.3	石灰岩	古生代
西沙群岛	XY1	1251~1384	花岗片麻岩	前寒武纪

莺歌海盆地前新生代基底目前仅在东北边缘莺东斜坡带的HK30-3-1A、LT35-1-1及

YIN1井钻遇,其他区域由于新近系海相沉积巨厚,基底尚未揭示。莺东斜坡带钻遇基底岩性主要为花岗岩、变质岩、凝灰质砂岩和混合岩等,同位素年龄为224~68Ma。

台西南盆地和北港隆起多口钻井钻遇含早白垩世孢子花粉地层,岩性为页岩夹粉砂岩及细粒砂岩。

(二)新生界

南海中北部盆地新生界发育齐全,莺歌海盆地乐东30-1-1井以及琼东南盆地崖13-1-1井和崖13-1-2井等都钻遇中上渐新统—第四系的地层。地震反射显示,在深凹部位亦应存在下渐新统—古新统,北部湾盆地乌6-1-3井和珠江口盆地文昌19-1-1井都钻遇古新统—第四系。盆地新生界地层对比分析如下表2-2。

莺歌海盆地、琼东南盆地、珠江口盆地、北部湾盆地、台西南盆地的沉积地层对比如图2-1所示。

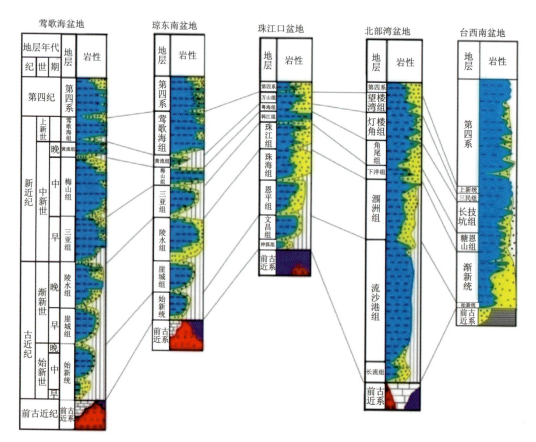

图2-1 南海北部陆缘盆地沉积地层对比图(据马文宏等,2008修改)

莺歌海盆地发育巨厚的新生代沉积,其显著特征是古近系较薄,新近系巨厚,第四系最大厚度超3700m。钻井资料揭示,盆地内部充填的新生界地层单元包括前古近系、始新统、下渐新统崖城组、上渐新统陵水组、下中新统三亚组、中中新统梅山组、上中新统黄流组、上新统莺歌海组和第四系。

表2-2 南海北部主要盆地地层对比表（据马文宏等，2008修改）

地质年代	地质代号	距今年龄/Ma	地震反射层	北部湾盆地 地层	北部湾盆地 沉积相	北部湾盆地 岩性	珠江口盆地 地层	珠江口盆地 沉积相	珠江口盆地 岩性	莺歌海盆地 地层	莺歌海盆地 沉积相	莺歌海盆地 岩性	琼东南盆地 地层	琼东南盆地 沉积相	琼东南盆地 岩性	台西南盆地 地层	台西南盆地 沉积相	台西南盆地 岩性
第四纪	Q	1.64	T_1	第四系	滨海-浅海相	灰黄色砂及黏土	琼海组	滨浅海	灰黄色黏土夹粉砂	乐东组	滨浅海相	上部浅灰色黏土为主，夹薄层碎片、下部为灰色软泥、贝壳砂层、泥质粉砂层，富含有孔虫化石	乐东组	浅海相	以浅海相灰黄色为主，夹薄层砂、细粉砂，局部含有孔虫化石	第四系	浅海-半深海相	页岩、泥岩夹粉砂岩和砂岩，含丰富钙质微化石
上新世	N_2	5.2	T_2	望楼港组	滨海-浅海相	大套灰色砂砾岩、灰色泥岩互层，灰黄色中砂岩	万山组	浅海-半深海相	浅-深灰色泥岩、粉砂质泥岩，中部夹粉砂岩、粉砂岩	莺歌海组	浅海-半深海相	以深灰色泥岩为主，局部含钙质泥岩、煤层	莺歌海组	浅海-陆坡-半深海相	下段棕黄色岩，以深灰色粉砂岩为主，上段含有孔虫化石	上新统	浅海-半深海相	深灰色页岩和少量薄层泥岩或灰岩，见几丁状煤层或碳质页岩，含N11、N12带有孔虫化石
晚中新世	N_1^3	10.4	T_3	灯楼角组	滨海-浅海相	灰黄色粗砂岩、砂砾岩、大套灰（含）黄色带绿灰色砂岩	粤海组	开阔浅海相	含灰色粉砂岩与灰色泥岩互层	黄流组	半深海相	灰色泥岩、粉砂质泥岩	黄流组	浅海盆底扇相	下段灰色泥岩，粉-细砂岩不等厚互层，上段灰白色细砂岩夹泥岩	三民组	浅海-半深海相	长技坑组 下部页岩夹粉砂岩，灰黑色块状硬煤层或碳质页岩，含N1~N13带有孔虫化石，上部页岩，夹玄武质凝灰岩、含N8~N15带有孔虫化石
中中新世	N_1^2	16.3 17.5	T_5	角尾组	浅海相	厚层灰色泥岩、绿灰色泥岩（夹）粉砂岩、泥质微含钙	韩江组	半封闭浅海相	浅灰绿色泥岩夹砂岩，见生物礁滩	梅山组	浅海-半深海相	灰白色生物碎屑灰岩，含陆源灰岩等，夹灰色泥岩	梅山组	浅海陆架灰岩相	下段硅质和石灰岩夹砂岩、细粉岩、泥岩厚互层，上段灰色泥质砂岩与白垩纪砂岩和灰质泥岩互层为主	长技坑组	半深海相	
早中新世	N_1^1	18.5 23.3	T_6	下洋组	浅海-半深海相	绿灰色砂泥岩、砂泥岩互层，绿灰色带绿灰色泥岩、潮灰泥岩、泥质粉砂岩	珠江组	上 三段 半封闭浅海相 下 一段	灰色砂岩、粉砂岩夹泥岩、泥灰岩互层	三亚组	二段 一段 滨浅海	灰白色砂岩、粉砂岩与灰色泥岩互层	三亚组	滨浅海陆棚三角洲相	生物碎屑灰岩，含有孔虫	鹏恩山组	浅海相	浅海页岩夹粉砂岩、细砂岩，上部页岩、灰色武岩、灰质页岩、灰岩夹页岩，含N4~N8带浮游有孔虫化石

续表2-2

地质年代		地质代号	距今年龄/Ma	地震反射层	北部湾盆地			珠江口盆地			莺歌海盆地			琼东南盆地			台西南盆地		
					地层	沉积相	岩性	地层	沉积相	岩性	地层	沉积相	岩性	地层	沉积相	岩性	地层	沉积相	岩性
晚新新世		E_3^3	23.3	T_6	三段	潮湖相	杂色泥岩、粉砂质泥岩、泥岩夹粉砂岩、砂岩与中砂岩互层	三段	滩湾相	灰白色、灰色块状砂岩、粉砂岩夹灰色泥岩，下部陆相沥青质页岩，下部上海陆互相	三段	滨海相	灰白色、浅灰色厚层块状砂岩，含砾层夹灰色泥岩，岩性深灰褐层互厚，浅灰色砂岩夹深灰色泥岩，薄层煤屑	三段	滨海相	厚层暗色泥岩与粉层岩互层		浅海相	底部砂岩，中部为砂岩、页岩夹煤层，含N2带浮游有孔虫化石
			25.5		二段	河湖、湾口相	杂色泥岩夹薄层浅灰色粉砂岩	二段			二段			二段		深灰色泥岩			
			28.4	T_7	一段		灰色泥岩夹灰质细砂岩及灰色泥岩	一段	河湖—浅相	深灰色泥岩夹红棕色砾岩	一段		深灰泥岩，灰白色、浅棕色砾状砂岩，夹褐灰色、灰褐色薄层粗砂或薄层煤	一段		以长石砂岩为主，岩夹泥岩互层			
早新新世		E_3^2	29.3		三段		深灰色浅湖相、浅灰色砂岩、棕红色砂岩页岩	三段	中深湖相夹油流相	褐灰色、深黑色岩、黑灰色油页岩、褐灰色灰质砂岩						砂岩与泥岩互层			
			33.0		二段		棕红色含砾砂岩、砂岩、粉砂岩含油页岩互层	二段		红棕色含砾砂岩、砂岩、灰质砾岩、碳质泥岩	崖城组	海陆过渡相	浅棕色砾质砂岩与浅灰色含砾砂岩	崖城组	河口—海积冲积滨相	发育透明底栖有孔虫，棕红色砾岩化石，顶部砂岩以及灰色含砾砂泥岩			
晚始新世		E_2^3	35.2	T_8	一段	滨潮三角洲相	棕红色、紫红色砂岩、灰岩托白灰岩	一段	河流相	红棕色砂岩夹棕红色、灰褐色砾岩							始新统	陆相、海陆过渡相	陆相碎屑岩夹火山碎屑岩、玄武岩矿脉灰岩；钻起约厚55~1539m，遇长石岩、石英砂岩、凝灰岩，煤层，火山碎屑岩等，以及早白垩世阿普第阶灰岩、超滩微化石；部分井见N5~NP9带钙质超微化石，始新世阿普第阶灰岩，揭示一套始新世煤线、凝灰岩
中始新世		E_2^2	38.6					神狐组		灰色、棕红色砾岩，间有侵入岩	岭头组	冲积—河湖相	浅棕色含砾砂岩与浅灰色含砾砂岩	岭头组	湖相	浅棕色含砾砂岩与浅红色含砾砂岩			
早始新世		E_2^1	42.1																
晚古新世		E_1^3	50.0	T_g	长流组	洪冲积岗岩、石灰岩夹灰岩、砾岩及变质岩													局部发育，但沉积较厚，为陆相沉积岩，砂页岩
中古新世		E_1^2	56.5																
早古新世		E_1^1	60.5																
前古近纪			65.0		中生代花岗岩，晚古生代变质岩			主要为变质岩，同有侵入岩，喷发			主要为变质岩，花岗岩，灰岩、白云岩			主要为变质岩，花岗岩，灰岩、白云岩			暗灰色页岩，二者之间角度不整合		

琼东南盆地内部充填的新生界地层单元包括前古近系、始新统、下中渐新统崖城组、上渐新统陵水组、下中新统三亚组、中中新统梅山组、上中新统黄流组、上新统莺歌海组和第四系。盆地新生代沉积厚度最大达11 000m,其中前古近系最大厚度超7000m,新近系厚度为3000~5000m。

珠江口盆地新生界最大厚度逾万米,其中古近系最大厚度超过6000m,新近系最大厚度约3500m,第四系厚度小于400m。该盆地具有典型的双层结构,即下部断陷沉积,上部坳陷、披盖沉积(邱燕等,2005)。自下而上沉积地层分别为前古近系、古新统神狐组、下始新统文昌组、上始新统恩平组、下中渐新统珠海组、下中新统珠江组、中中新统韩江组、上中新统粤海组、上新统万山组、第四系。

北部湾盆地钻井钻遇了古近系和新近系,其中古近系最大厚度约4777m,新近系最大厚度约2300m。地震剖面显示,北部湾盆地新生界具有二元结构,古近系主要为陆相断陷沉积,断层非常发育;新近系微披盖沉积,主要发育海相地层。沉积地层自下而上为前古近系、古新统长流组、始新统流沙湾组、下中渐新统涠洲组、下中新统下洋组、中中新统角尾组、上中新统灯楼角组、上新统望楼湾组、第四系。

台西南盆地是南海北部较早发生沉陷作用的盆地,前古近纪就有陆相沉积,但其后又发生短暂的抬升剥蚀,始新世开始再次沉降接受沉积。北部坳陷新生界厚5000~7000m,具多个沉积中心,南部坳陷新生界一般厚5000m,台湾高雄附近的沉积中心最大沉积厚度达万米以上,中部隆起缺失始新统甚至整个古近系。

二、南海南部地层特征

在分析南海南部主要盆地地层发育特征基础上,笔者对各个盆地新生界自下而上进行了梳理(图2-2):万安盆地为人骏群(下—中始新统)、西卫群(上始新统—渐新统)、万安组(下中新统)、李准组(中中新统)、昆仑组(上中新统)、广雅组(上新统)和第四系。曾母盆地为南薇群(上始新统—下渐新统)、曾母组(上渐新统)、立地组(下中新统)、海宁组(中中新统)、南康组(上中新统)和北康群(上新统—第四系)。北康盆地为南薇群(下始新统)、南通组(上始新统—下渐新统)、日积组(上渐新统)、海宁组(下中新统)、南康组(中中新统—上中新统)、北康群(上新统—第四系)。南薇西盆地为南薇群(古新统—中始新统)、尹庆组(上始新

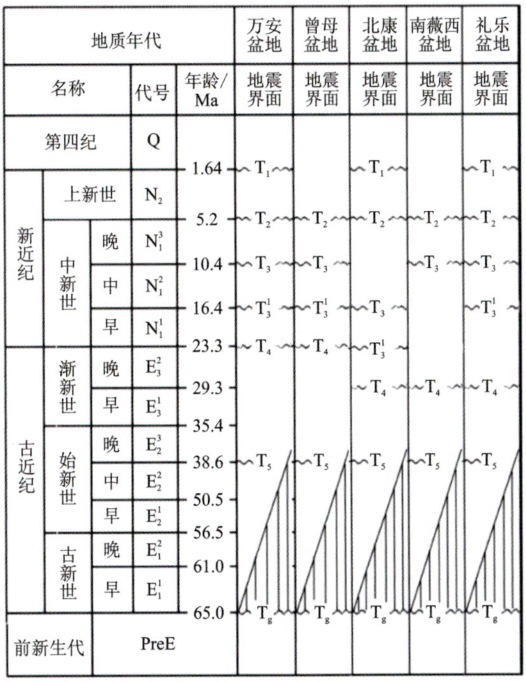

图2-2 南沙海域反射波组及层序划分对比图

统—下渐新统)、南华组(上渐新统—中中新统)、永暑组(上中新统)、康泰群(上新统—第四系)。礼乐盆地为东坡组(古新统)、阳明组(下—中始新统)、忠孝组(上始新统—上渐新统)、仙宾组(上渐新统—下中新统)、礼乐组(中中新统—第四系)。综合对比 4 个盆地地震解释界面(图 2-3),其中,第四纪(T_1)、上新世(T_2)、晚始新世(T_5)、新生界的底界面(T_g)在地震剖面上已统一,其他界面划分有所差异。从地震界面特征来看,中中新世底界面不整合在万安盆地、曾母盆地和礼乐盆地上,被划分为T_3^1,而在北康盆地上被划分为 T_3。接触不整合是区域上最大的一个不整合,它的发育具有穿时的特征,从西向东,发育时间推迟,与其所处的发育历史和南海新生代两次不同方向、不同时间的海底扩张有密切关系。

南沙海域主要盆地的接触不整合具有穿时特征(图 2-3),自西向东,接触不整合发育时间由万安盆地的晚中新世变至曾母盆地的中中新世和北康盆地的中中新世,再到礼乐盆地的早中新世。

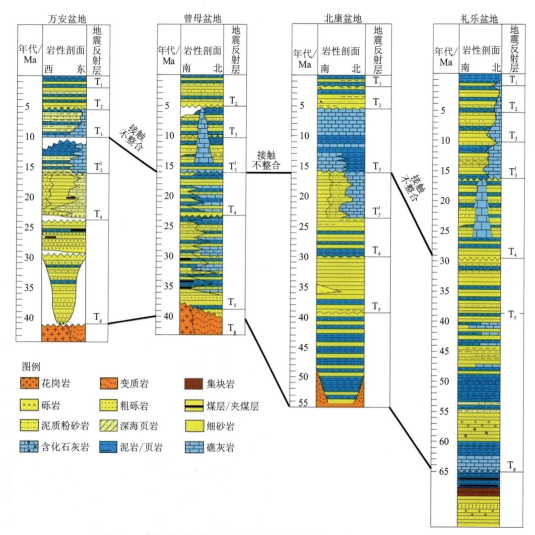

图 2-3 南海南部海域主要盆地新生代地层对比图(据姚永坚等,2005)

万安盆地的演化历史与东部的曾母、北康和礼乐盆地不同,其接触不整合发育最晚,推测与其位于南海西海盆扩张脊的延伸方向有关。曾母盆地的构造走向和地层发育特点与西侧的万安盆地、东侧的北康和南薇西盆地表现出极大的不同,其北西向的构造走向和演化是南沙地块与婆罗洲地块碰撞的结果,盆地表现早期伸展、前陆挤压的特点,后期进入被动大陆边缘发育的阶段。北康盆地的沉积结构和演化历史相似,其沉积表现为早期伸展断陷、地震反射层 $T_3^1—T_4$ 之间具有明显的断坳特征。东部礼乐盆地内具有较厚的中生界发育特点,与南海北部潮汕坳陷相似,在南海海盆发生破裂和扩张之前,礼乐盆地的发育位置与珠江口盆地大致对应,推测它应位于珠江口南侧。根据地层特点和接触不整合的发育时代,南海南部海域盆地东、西部发育特征不同,与南海北部具有一定的对应关系。

第二节　南海地质构造特征

一、地质构造

在大地构造上,南海处于欧亚板块、太平洋板块和印度-澳大利亚板块相互作用形成的太平洋构造域和特提斯构造域交会处。受三大板块相互作用的影响,它是一个地质构造极其复杂、几经多方向海底扩张的边缘海。不同的构造位置和边界条件的差异,造就了南海北缘张裂边缘构造带、东部马尼拉海沟俯冲带、南部碰撞构造带及西部走滑断裂带的构造格局。

(一)构造区划

本研究根据南海海底地形地貌、主要构造活动带和地球物理场特征等,以板块理论为基础,综合国内外地质地球物理研究成果、地球物理场、地壳结构、地貌形态特征以及成因演化机制对南海地质构造进行分析。在进行构造分区时,首先根据岩石圈板块确定南海主体位于欧亚板块一级构造单元之上;其次在区域地球物理场、地形地貌、断裂研究基础上,综合考虑南海地区地壳类型构造层序列、沉积建造以及变质作用等特征,以地块拼接带作为二级构造单元的分界线,将南海地区划分为 9 个二级构造单元;再次以主要的走滑断裂等构造边界为三级构造单元的分界线,各二级构造单元内部又可进一步划分为若干个三级构造单元(表 2-3,图 2-4)。不同构造区域之间的构造运动在形式、时间上不尽相同,既相互作用又保持一定的独立性。

表 2-3　南海海域及邻区大地构造单元划分

一级构造单元	二级构造单元	三级构造单元
欧亚板块	华南地块	—
	台琼地块	珠江口盆地、台西南盆地、台西盆地
	中-西沙地块	琼东南盆地、中建南盆地
	印支地块	莺歌海盆地、万安盆地
	南海海盆	西北次海盆、东部次海盆、西南次海盆
	曾母地块	曾母盆地
	南沙地块	南薇西盆地、北康盆地、南薇东盆地
	礼乐-巴拉望地块	礼乐盆地、北巴拉望盆地、南巴拉望盆地
	婆罗洲增生楔	—

(二) 主要构造单元特征

1. 华南地块

华南地块西南以马江-黑水河断裂带作为与印支地块的分界,南以琼北-珠外-台湾海峡断裂带与南海地块相邻。在华南地块内部的陈蔡、建瓯、云开等地已发现前寒武纪岩石,构成前寒武纪的结晶基底。其中最老的地层是闽西北地区建宁、光泽一带的新太古界天井坪(岩)组,Sm-Nd 等时线年龄值为(2682±148)Ma,这是一套以砂泥质岩为主夹基性、中酸性火山岩的深变质岩系原岩。发生在早古生代末的加里东运动,使华南大部分地区褶皱隆起,震旦纪—早古生代地层形成紧密线性褶皱并产生了浅变质,从而构成了华南地区深变质基底之上的加里东褶皱基底。晚古生代期间,在上述两套基底之上发育了晚古生代碎屑岩和碳酸盐岩,中生代晚期以来,伴随大陆酸性岩的侵入和喷发,本地块受到强烈改造。

2. 台琼地块

台琼地块包括南海北部陆架、陆坡区、东沙、中沙、西沙以及海盆残留扩张中心以北的洋盆区。台琼地块由多种地壳类型组成,包括陆壳、过渡型地壳和洋壳,平均地壳厚度由陆到洋从 28km 逐渐减薄至 5～6km。该地块中最老地层出露于海南岛五指山地区的抱板群,主要由中深变质片麻岩和片岩类构成,同位素年龄在 1800～1420Ma 之间;在西沙群岛西永 1 井钻遇前寒武纪地层,其片麻岩矿物 Rb-Sr 等时线年龄为 1465Ma;台湾大南澳群混合花岗岩中继承锆石 U-Pb 同位素年龄为 1700～1000Ma,花岗岩和负片麻岩的 Sm-Nd 等时线年龄为 637～506Ma,表明该块体存在前寒武纪结晶基底。海区的钻井资料进一步揭示前新生代基底受燕山期岩浆岩作用而发生不同程度的变质和混合岩化。

中生代末—新生代期间,南海北缘块体经历了不同程度的拉张减薄,地壳结构具有明显的纵向分层和横向分块特征。南海北部陆缘下地壳底部普遍出现时速为 7.0～7.5km/s 的高

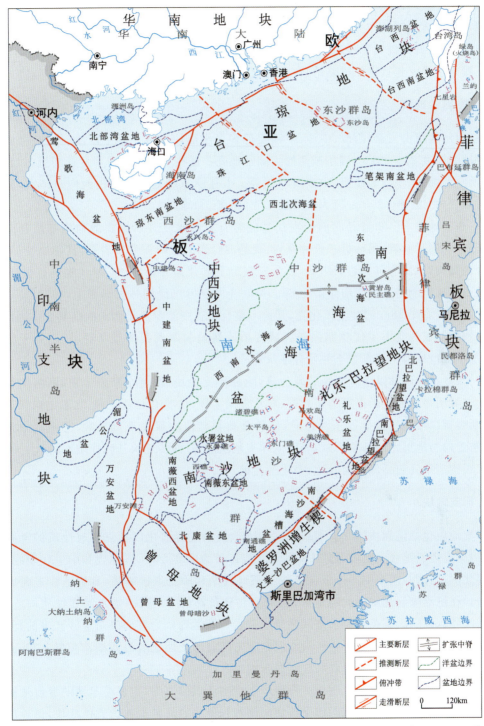

图 2-4　南海构造单元划分图（据中国地质调查局广州海洋地质调查局，2015）

速层,且东部高速层厚度较西部大。该高速层的存在,笔者推测与软流圈物质上涌产生的壳幔混合有关。除西沙地块外,南海北部陆缘上地壳厚度远小于下地壳。洋盆区大量声呐浮标资料揭示其具有典型的洋壳结构,可分出层1、层2和层3。在东沙东南部可能还保留了中生代残留洋壳,表现为极其平静的磁异常特征。

三级构造单元包括珠江口盆地、台西南盆地、台西盆地。

3. 中-西沙地块

中-西沙地块由三亚、西沙、中沙、中沙北等多个小陆块组成。其中西沙、中沙、中沙北等陆块的地壳厚度25~26km,属于减薄的大陆性地壳。这些小陆块之间多发育断堑,如西沙东断堑、西沙北断堑、中沙北断堑、中沙南断堑等。上述断堑的地壳厚度由西向东减薄,从西部的减薄陆壳(厚度18~20km)变为东部的洋壳(厚度5km)。

中-西沙地块上已知最老的前新生代基底岩石为西永1井所揭露的强烈变质花岗片麻岩、黑云母花岗片麻岩、黑云母二长片麻岩、变晶混合岩组成的深变质岩系,具花岗变晶结构、鳞片变晶结构,原岩为沉积岩,Rb-Sr法全岩测定其同位素年龄为627Ma(晚震旦世),K-Ar法斜长石单矿物测定后期变质年龄为68.9Ma(晚白垩世)(涂湘林和邹和平,1997)。该处基底岩系顶部发育厚28m的红土风化壳,其上不整合覆盖中新统至第四纪的礁灰岩。因此,中-西沙地块的基底为受中生代晚期强烈区域变质改造的前寒武纪褶皱基底,长期处于隆起状态,直至中新世始没于海水之下并发育礁灰岩。

中-西沙地块西部以南海西缘断裂为界,毗邻印支地块,两者在断裂带东、西两侧重磁异常特征差异明显。断裂带以东为正异常,异常走向多样,主要有北西走向、北东走向和近东西走向;断裂带以西磁异常呈近东西走向,磁异常负异常值明显高于正异常,空间重力异常低缓,异常走向与地形走向基本一致,表明了印支地块和中-西沙地块基底性质不同。

三级构造单元包括琼东南盆地、中建南盆地。

4. 印支地块

印支地块包括昆嵩块体和巽他块体。印支地块的发育演化以具克拉通性质的昆嵩隆起为核心,昆嵩隆起基底变质岩系的U-Pb等时线年龄为2300Ma。古生代和中生代期间,在昆嵩隆起北侧、西侧和东南侧向外依次形成3条海西期和印支期褶皱带,其构造线走向以北西向为主。在昆嵩隆起北侧的北越地区,由南至北分布着长山、马江、黑水河和红河构造带,其间出露鸿岭、马江弧、黄莲山等前寒武纪基底杂岩。有学者认为红河带是金沙江带的延伸,即代表古特提斯消亡的缝合带。由于沿红河断裂带既有印支期也有海西期花岗岩分布,而代表古洋壳的蛇绿岩出现在黑水河和马江断裂带内。

目前对北越至三江地区地质构造特征产生诸多认识的原因,主要是早期的缝合带被晚期的大规模走滑剪切活动复杂化。印支板块南侧和东南侧的海区被称为巽他地块,该地块以东为南北向构造隆起区,与南海海盆相接,接缝带处地质构造复杂,以不同规模和不同结构的断块镶嵌在一起,其构造方向以北东向和北西向为主,总体构造格局由北东向断裂控制。西纳土纳盆地虽然被视为巽他陆架区的一部分,但其北东向的构造特征反映它很可能是西南海盆西南端槽状楔形区在巽他陆架地区的继续延伸,其间被南北向的边缘堤分隔。根据前期调查资料,边缘堤为地垒-背斜构造,它被早古近纪和白垩纪时期的火山岩复杂化,在新近纪末结束了其活跃的发展过程。新生代期间,边缘堤对南海地区的伸展可能起到了一定的阻挡作用,造成巽他地区地壳的伸展减薄量小于南沙地区。

三级构造单元包括莺歌海盆地、万安盆地。

5. 南海海盆

南海海盆总体向西南收敛,呈菱形状,海盆洋壳东宽西窄,经历了新生代大陆边缘裂谷和海底扩张。地壳厚度为6～8km,性质为洋壳。以中南海山链及往北的延长线为界,南海海盆可划分为西北、东部和西南3个次海盆。南海海盆的东部边界为马尼拉海沟俯冲带,南部边界为位于礼乐滩北侧的洋陆转换带。海盆构造上呈海底扩张的特征,各个海盆均有各自的扩张脊。

(1) 西北次海盆。西北次海盆东北宽西南窄,是3个次海盆中面积最小的一个。西北次海盆在30Ma时开始发育,断层的活动期集中在渐新世,并大致以海盆中部的岩浆岩凸起为轴对称分布,对渐新统的沉积起控制作用。海盆扩张强度为东强西弱,西部显示出更多的陆缘裂谷盆地的特征。25Ma后扩张轴向南跃迁,西北次海盆的海底扩张运动停止,进入裂后沉降阶段。构造展布方向受到南侧的中-西沙地块的影响,大致沿其北部边界展布,反射地震剖面所反映的深部地壳结构也显示出大致沿海盆中轴对称的特征,表明很可能为纯剪的变形模式(丁巍伟等,2009)。

(2) 东部次海盆。东部次海盆是南海最大的次级海盆,沉积地层厚度由南、北两侧大陆边缘向洋中脊总体逐渐减薄,基底逐渐抬升,断块构造对称分布,磁条带向近东西向延伸,扩张方向为近北南向。靠近洋中脊附近(即珍贝-黄岩海山链附近),断裂呈近东西向,由北向南,断裂由近东西向转为靠近礼乐-北巴拉望区的北东向,磁异常呈正负高值异常相间,近东西向。在珍贝-黄岩海山链附近,重力异常表现为明显的高值正异常,两侧重力异常表现为低值正异常。

(3) 西南次海盆。西南次海盆呈三角形,具有从东北向西南逐步渐进式扩张的构造演化特征,西南次海盆中部沿北东-南西方向发育一条古扩张中心,具有明显的分段性,东北段表现为火山海脊,中间段表现为中央裂谷,西南段为沉积坳陷,两侧的磁条带、沉积地层和基底构造呈对称分布,向北东向延伸,构造样式从东北向西南从海底扩张逐步转化为陆缘张裂。西南次海盆断裂总体向北东-南西向发育,中南海山及龙南龙北海山重力表现为高值正异常,扩张中心重力特征表现为高值正异常与低值负异常相间发育。磁力异常主要呈北东-南西向发育,总体表现为低值正负异常。西南次海盆的东部是整个南海海盆居里点最浅的地区,推测与晚期的岩浆活动有关(李春峰和宋陶然,2012)。根据综合大洋钻探计划(integrated ocean drilling program,IODP)钻探最新结果,发现南海停止扩张时间东部次海盆比西南次海盆略晚,东部次海盆扩张停止时间为15.74～14.83Ma,西南次海盆扩张时间为17.44～16.20Ma,南海海盆开始扩张时间在33Ma左右。

6. 曾母地块

曾母地块的基底较为复杂,由不同时代、不同类型的基底结构组成。西部为中生代岩浆岩复杂化的变质岩,部分钻井在新生代沉积层之下钻遇白垩纪的角闪花岗岩等岩石;南部地区则为晚白垩世—中始新世的浅变质岩系,是西北婆罗洲拉让群向海区的延伸,在沙捞越滨岸也有多口钻井打到该套岩系;该地块的东北部地区,即康西坳陷,较为特殊,是曾母盆地内沉积厚度最大的地区,新生代沉积层的厚度可达 10～15km,最大厚度可超过 16km。曾母地块地壳厚度只有 18～20km,若扣除新生代沉积厚度后地壳厚度只有数千米。此外,在北康暗沙西侧,深度在 10km 以下发现 6.7～6.8km/s 的速度层。对于这一高速层,Houtz 等(1984)认为其符合标准洋壳层 3 模型的速度结构,国内也有部分学者赞同上述观点,认为是中生代残留洋壳,但相当部分学者认为现在还没有足够的证据确认该地区的地壳类型。由于上述钻位分布在廷贾断裂带附近,推测其形成可能与廷贾断裂带新生代强烈的拉张-走滑活动有关。

三级构造单元包括曾母盆地。

7. 南沙地块

以南沙为主体的南沙地块,从北向南是由南海洋盆和南沙岛礁区及其周缘的陆架组成的。根据重磁资料及地震成果,南沙地块发育北西向、北东向和北南向 3 组基底断裂,其规模大、切割深,控制着南海南部地区的构造演化和南沙海域沉积盆地的形成。

三级构造单元包括南薇西盆地、北康盆地。

8. 礼乐-巴拉望地块

礼乐-巴拉望地块由民都洛岛、巴拉望岛北部和礼乐滩构成。该地块内已发现的最老沉积层为北巴拉望的二叠系,但该套地层已发生变质。德国"太阳号"在礼乐滩地区拖网采集到的最老岩石为三叠纪灰黑色纹层致密硅质岩,在其薄片中观察到可能是放射虫残余的小球状残留体,可与巴拉望北部、卡拉绵岛出露的中三叠世燧石条带中所含的放射虫进行对比;采集到晚三叠世—早侏罗世的含羊齿植物岩石样品,可与华南大陆的地层对比,表明礼乐-北巴拉望隆起区与华南大陆之间具有亲缘性。此外,拖网样中还采集到早白垩世片麻岩(123～114Ma)和千枚岩(113Ma)、晚侏罗世角闪岩(146Ma)、早白垩世片岩(113Ma)以及蚀变橄榄辉长岩、火山岩和蚀变闪长岩,但后者未获其年龄。

三级构造单元包括礼乐盆地、北巴拉望盆地、南巴拉望盆地。

二、岩浆活动

南海岩浆活动发育时期主要有中生代的燕山期和新生代的喜马拉雅期,其中中生代燕山期的岩浆以中酸性为主,新生代喜马拉雅期的岩浆则以强烈的基性、超基性为主。

(一)燕山期岩浆活动

燕山期是南海岩浆活动的强烈时期,该时期形成了一系列规模较大的以中酸性为主的侵入岩和火山岩。陆区主要分布在华南地区、中南半岛的昆嵩以南、南沙群岛西部陆架及加里曼丹岛(阎贫等,2005);海区在珠江口等盆地和南沙海区等地广泛分布。

在陆区,华南地区存在一条宽 600km 的北东向火成岩带(Li et al.,2005),属于晚中生代火山活动的产物,岩性成分中花岗岩和流纹岩各占一半。在中南半岛,燕山期岩浆岩主要出露于昆嵩隆起以南,在大叻地区由闪长岩、花岗闪长岩和花岗岩组成的岩基呈北东走向,K-Ar 年龄为 150~131Ma,侵入于下侏罗统红层中并使其变质。在沿海地区则出露晚白垩世至古近纪(100~40Ma)的淡色亚碱性花岗岩岩基,说明由陆到海岩浆活动变小(Hutchison,1989)。在南沙群岛西部湄公河三角洲至纳土纳群岛的陆架区,新生代沉积盆地的基底内已发现许多燕山期花岗岩类,时代主要为晚侏罗世至早白垩世,有少量晚白垩世。在加里曼丹岛西部、赤道以南,是著名的施瓦纳山岩基,东西长 500km 以上,南北宽约 200km,岩性以英闪岩和花岗闪长岩为主,也有正长花岗岩、花岗岩、石英闪长岩、闪长岩、辉长岩和苏长岩。这些岩石的 K-Ar 年龄主要在早白垩世(130~100Ma),化学成分属典型的Ⅰ型钙碱系列(Hutchison,1989);在施瓦纳山西南有晚白垩世(91~86Ma)花岗岩基,含钠闪石碱性花岗岩和正长岩。

在海区,大量钻井资料及拖网样揭示其广泛存在燕山期的岩浆活动。如李平鲁等(1999)认为珠江口盆地存在大面积的中生代燕山期中酸性岩浆,岩石年龄为 130~72Ma,时代属于早、晚白垩世,构成了盆地基底,且向东南方向具有年轻化的趋势。何家雄等(2008)研究发现在莺歌海盆地的莺东斜坡带钻遇中生代岩浆岩,岩性为混合岩(莺 1 井)、三叠纪的花岗岩(岭头 35-1-1 井和崖 13-1-1 井)和白垩纪的凝灰质砂岩、安山岩(莺 6 井),同位素年龄为 224~68Ma;琼东南盆地中莺 9 井钻遇中生代的花岗岩,同位素年龄为 185~156Ma。Hamilton(1979)研究认为从珠江口盆地、琼东南盆地、中-西沙地块到万安盆地、湄公盆地、曾母盆地曾形成一条北东向的岩浆岩带,以钙碱性喷出岩和中酸性侵入岩为主,构成各盆地的基底(表 2-4)。Holloway(1982)认为这条岩浆岩带的形成与中侏罗世—白垩纪中期印支和华南东南缘库拉-太平洋板块向欧亚板块之下的俯冲作用有关。南沙群岛海区东部中生代火山岩比较特殊,在巴拉望岛的晚白垩世沉积层下见有枕状玄武岩,在礼乐滩西南缘的仁爱礁西侧拖网取样获流纹质凝灰岩、蚀变闪长岩及蚀变橄榄辉长岩(Kudrass et al.,1986),同网主要为晚三叠世至早侏罗世浅变质的三角洲相砂岩、粉砂岩、黑色页岩或中三叠世灰黑色细纹层状硅质页岩。这反映南沙群岛东部海区中生代处于陆缘海相环境,与南海西部及北部环境明显不同。

表 2-4 南海南部海域部分钻井钻遇基底的岩性及其时代

钻井编号	位置	井深/m	基底岩性	时代/Ma
48-1X	1081X 域部分钻井钻,8081X 域部分钻	2442	火山岩	
4B-2X	1082X 域部分钻井钻,8082X 域部分钻	2593	火山岩	
DH-1X	1081X 域部分钻井钻,8081X 域部分钻	3352	花岗闪长岩	
DH-2X	1082X 域部分钻井钻,8082X 域部分钻	2836	花岗闪长岩	109

续表 2-4

钻井编号	位置	井深/m	基底岩性	时代/Ma
DH-3X	1083X 域部分钻井钻,8083X 域部分钻	3720	花岗闪长岩	105
Dua-1X	1081X 域部分钻井钻,7081X 域部分钻	4049	花岗岩	
Cipta-B	108ta-B 分 408,608ta-B 分 4	3274	花岗闪长岩	
AT-1X	1081X-B 408,5081X-B 分 4	1758	花岗闪长岩	80
12B-1X	108-1XB 分 408,708-1XB 分 4	3928	花岗岩	
12C-1X	108-1XB 分 408,708-1XB 分 4	3657	花岗岩	
Hong-1X	108g-1X 408,708g-1X 分 4	1640	花岗岩	中生代
AS-1X	1081X1X 分 408,6081X1X 分 4	1728	花岗闪长岩	129
AP-1X	1091X1X 分 409 遇基,5091X1X 分 409	4199	花岗闪长岩	79.3
15-C-1X	108C-1X 408,908C-1X 分 4	3262	花岗岩	古近纪
Dai Hung2	108 Hung2″E,808 Hung2	3685	花岗岩	109
15-C-1X	108C-1Xg2″E,908C-1Xg2	3276	花岗岩	古近纪
15-G-1X	108G-1Xg2″E,108G-1Xg2″	2957	花岗岩	古近纪
04-A-1X	109A-1Xg2″E,809A-1Xg2	2462	结晶基岩	晚白垩世

(二)喜马拉雅期岩浆活动

南海喜马拉雅期岩浆活动在空间上分布广泛,从华南大陆到南海海盆,从台湾海峡到中南半岛,时间跨度大,活动时间久,从古新世到第四纪都有活动。单个岩浆区喷发规模较小,呈零星状分布。岩性以基性玄武岩为主,也有火山碎屑岩和中酸性喷出岩。该期岩浆活动大体可分为两期,分别为喜马拉雅早期(古新世至始新世)和喜马拉雅晚期(渐新世至第四纪)。喜马拉雅早期火山活动主要发育在广东三水、河源和连平等盆地及加里曼丹中部。喜马拉雅晚期的火山活动范围主要集中在我国的雷琼地区、珠江口盆地白云凹陷、东沙隆起南部至洋陆边界、南海海盆、南沙群岛中的海山、台湾-吕宋岛弧等区内,以及越南南部和加里曼丹中部。

1. 喜马拉雅早期(古新世至始新世)岩浆活动

喜马拉雅早期岩浆活动相对微弱,规模较小,分布比较局限,主要分布在广东三水、河源和连平等裂谷盆地及加里曼丹中部。三水盆地内的火山岩主要是由长石质玄武岩和铁镁质互层、内含粗面岩和流纹岩组成。火山活动从白垩纪末到古新世晚期,K-Ar 法测年龄为 64~43Ma;河源和连平盆地主要见玄武岩和安山岩,虽没测年,但其火山岩夹层的沉积也反映了与三水盆地相似的喷出年代。珠江口盆地发育古新世岩浆活动,但规模较小,跨度仅数千米。古新世—始新世岩浆活动主要发育在珠江口盆地内隆起部位,以中酸性火山岩为主(表 2-5),含安山岩、英安岩、流纹岩和凝灰岩,K-Ar 法测年龄为 57~49Ma。始新世—渐新世以玄武岩和中性喷出岩为主,主要见于裂谷盆地内。

表 2-5 南海海区的钻井情况统计表（据阎贫等，2005）

区域	钻井	深度/m	岩性	年龄/Ma
珠江口盆地	YJ21-1-1	1650	流纹岩	51.6±8.3
	BY7-1-1	2429	玄武岩	17.1±2.5
	BY7-1-1	2752	凝灰岩	17.6±1.8
	BY7-1-1	3501	安山岩	35.5±2.8
	PY16-1-1	2384	玄武岩	41.2±2.0
	XJ33-2-1A	4880	玄武岩	24.3±1.3
	LH11-1-2	1800	英安岩	27.2±0.6
	LH4-1-1	1977	英安岩、凝灰岩	43.2±0.7
	LZ21-1-1	4480～4696	英安岩	41.1
	LZ27-1-1	3052	中酸性侵入岩	57.1±2.5
	LF1-1-1	2455～3324	流纹质凝灰岩	32±1.4
	LF1-1-1	2455～3324	流纹质凝灰岩	33.6±0.7
	LF15-1-1	2166	玄武岩	45.1±1.6
	LF21-1-1		流纹质凝灰岩	49.33
	1148	3294	安山质凝灰岩	<1
南海海盆	V36D10		碱性玄武岩	4.39
	DR01	1580～1800	碱性玄武岩	11～6
	DR02		碱性玄武岩	11～6
	DR03		粗面玄武岩	8～6
	No.8	3000	拉斑玄武岩	13.95
	No.9		拉斑玄武岩	9.7
	U1431	980	玄武岩	15.74
	U1433	858.5	玄武岩	17.44
南海南部	1143	2772	英安-流纹质凝灰岩，火山灰及玻璃质岩	<2
	SO23-23	1700～1900	蚀变橄榄石辉长岩与流纹岩	23
	SO27-24	2100	蚀变闪长岩、流纹质凝灰岩	5
	SO23-36	2373	闪长岩	146
	SO23-37	3043～3227	气孔状玄武岩	0.4
	SO23-38	1356～1610	橄榄玄武岩	0.5
	SO23-40	765～1050	气孔状斑晶玄武岩	2.7
	SO27-24	2100	流纹质凝灰岩	未定
	SO23-15	3312	斑状安山岩	14.7

2. 喜马拉雅晚期（渐新世至第四纪）岩浆活动

该时期岩浆活动活跃，分布范围较广，主要分布在我国的雷琼地区、珠江口盆地白云凹陷、东沙隆起南部至洋陆边界、南海海盆、南沙群岛中的海山、台湾-吕宋岛弧，以及越南南部和加里曼丹中部。

在雷州半岛和海南岛的北部，岩浆活动始于晚渐新世（28.4Ma），主要形成于新近纪—第四纪（集中于 4.5Ma），岩性以玄武岩为主，包括前期的拉斑玄武岩和后期的碱性橄榄石玄武岩。这里火山岩分布面积达 7000km^2，沿裂隙喷发的玄武岩流形成了大型熔岩台地。

在珠江口盆地，根据钻井资料，该盆地新生代火山岩以玄武岩为主，存在多期喷发。早古新世岩浆活动见上节所述，新近纪—第四纪的岩浆活动规模相对较大，延伸数10km，主要发育在珠三坳陷北部、珠二坳陷东部的隆起带和东沙隆起的南缘。在珠二坳陷西部的隆起带上的 BY-7-1-1 井里还发现了较厚的大陆裂谷新近纪海底扩张期火山岩，在 BY-7-1-1 井 2400～2830m 处钻遇早中新世火山丘，主要由大量火山熔岩层组成，反映了火山的多次喷发。玄武质熔岩层累计厚度达395m，玄武岩累计厚度达36m，橄榄石玄武岩层位于火山丘顶部，其中熔岩和玄武岩测得年龄分别为20Ma和(17.1±2.5)Ma。火山岩中富含玻璃质，上部层间夹有少量生物灰岩，反映了水下喷发。该套火山岩之下为厚层砂泥岩，在井孔底部（3500～3527m）也见有玄武质熔岩层，K-Ar 测年为晚渐新世［(35.5±2.8)Ma］。总体上，珠江口盆地的火山岩表现为从含较多中酸性岩石的钙碱性系列向碱性和拉斑玄武岩发展，岩浆中深源物质有逐渐增多的趋势。

南海北部陆缘，在1148井中发现更新统火山灰，含英安-流纹质，在北缘（1148井）年龄小于1Ma，在南缘（1143井）年龄小于2Ma；越往上火山灰越多，反映更新世以来火山活动增强，或者是因为火山玻璃的化学不稳定性使老的火山灰蚀变。这些火山灰可能来自菲律宾弧。而在南海北部陆洋过渡带附近存在一条北东东向火山岩带，大部分火山顶部仅有很薄的沉积，一些火山出露至海底形成海山，推断其形成时代为晚中新世—现代，形成于海底扩张之后。在该火山岩带以南，沉积基底向下断落约1km，使陆洋之间形成明显的台阶。

在南海海盆及南沙群岛中，散布着大量由火山组成的高耸海山和海山链。这些海山和海山链集中分布在海盆的扩张轴附近，海盆的北部、南部及南沙群岛中，呈现从扩张轴以北海域，海山链规模大，以南海山链规模相对较小。拖网取样显示，海盆地区海山的火山岩成分以橄榄石玄武岩和碱性、强碱性玄武岩为主，K-Ar 年龄分别为 3.5Ma、4.3Ma，即为上新世。在中南海山采得的碱性玄武岩初始 $^{87}Sr/^{86}Sr$ 为 0.703，轻稀土相对富集，无 Eu 负异常，显示洋岛碱性玄武岩特征。在西南次海盆以西的陆坡区、礼乐滩北缘及其北面的海盆内拖网也获得强碱性玄武岩，年龄以更新世（0.4Ma）为主，也有上新世（2.7Ma）。南沙海域各盆地的地震剖面上（图2-5），均可见到刺穿各时代地层直达海底的岩浆岩，形成海山、海丘、浅滩或岛礁，推测岩浆活动以基性—中性喷发为主，也可能存在中性—酸性岩的侵入。德国"太阳号"拖网取样发现，礼乐滩和卡拉绵群岛之间的海山上见有喷出的玄武岩（Kudrass et al.，1986）。其中，在北巴拉望岸外的海山上采集到含橄榄石、斜辉石和斜长石的多孔玄武岩，在礼乐滩以东海山上采集到橄榄玄武岩碎块。

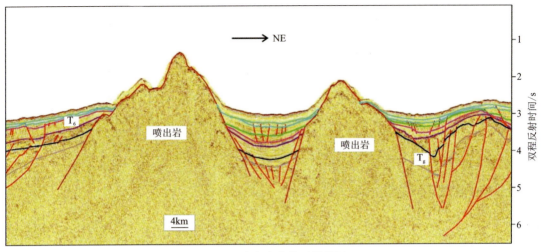

图 2-5 喷出岩岩体反射特征

红河断裂带主要发育两期新生代火成岩,前期在 42~24Ma 之间,后期在 16Ma 以后。前期火成岩分布于整个红河断裂带及其北部地区,主要为火山岩,少量是侵入岩。岩石包括正常岩、粗面岩、橄榄玄粗煌斑岩和玄武质粗面安山岩,它们携带含有石榴子石及单斜辉石的闪岩、麻粒岩、辉岩等捕虏体。后期火成岩分布于红河断裂带的南段和印支地块南部,岩石类型包括碱性玄武岩、碧玄岩、粗面玄武岩等,捕虏体含尖晶石二辉橄榄岩、石榴子石二辉橄榄岩和方辉橄榄岩,后期火成岩具有高碱、高钙钾的特点,缺少地壳混染。Wang 等(2018)认为前期火山活动与地壳的挤压俯冲有关,后期火山活动与地幔流动拉伸有关,中间经过扭张过渡期(24~17Ma)时火山活动间断。

在中南半岛,新生代火成岩在越南、柬埔寨、老挝和泰国都有分布。新生代火成岩时代较新,几乎是在南海扩张停止以后才形成的。在中南半岛中南部有大量上新世—第四纪高原型玄武岩的喷发活动。在越南南部较早的火山喷发时间是 15~10Ma,最新的火山活动在 1923 年发生于越南东南近海。大量喷发则是近 5Ma 以来,喷发面积超过 $8000km^2$。越南新生代火山岩喷发中心大都位于大断裂交会处,形成数百米高的玄武岩高原;一般都具有两期喷发,即前期从张裂隙喷发的源自岩石圈地幔的高 SiO_2、低 FeO 石英及橄榄拉斑玄武岩,以及后期中心式喷发的源自软流圈的低 SiO_2、高 FeO 橄榄拉斑玄武岩和碱性玄武岩。

在台湾岛南部到吕宋岛南部存在数十个大大小小的火山岛,这些岛构成台湾-吕宋火山岛弧。由北向南、自西向东火山年龄呈年轻化趋势。在台湾南部和西部澎湖列岛区以及吕宋岛西部都见有早中新世火山岩,而在岛弧东部主要是晚中新世至第四纪的火山,至今仍有活动,岩性以安山岩和玄武岩为主。台湾-吕宋火山岛弧的形成是欧亚板块与菲律宾海板块聚合并发生俯冲和碰撞的结果。

综上所述,南海中新生代火成岩具有以下特点。

(1)中生代以花岗岩为主,连片分布,规模较大,与西太平洋俯冲密切相关;新生代以玄武岩为主,分布零散,范围变化较大,属于散布型火成岩区,与大火成岩区明显不同;南海陆缘未发现由火山岩组成的向海倾斜反射,地壳下部也不存在大规模裂谷期岩浆侵入。

(2)新生代早期火山岩活动主要在裂谷盆地内部;晚期则沿大型断裂及其交会处构成数百米高的隆起[陆上为玄武岩高原,如我国海南岛北部和越南南部;海上形成海山(链),如南海北部的陆洋边界和海盆中央];新生代火山岩从早期的含中酸性岩向后期的单一基性岩转变;在空间上具有从北向南迁移的趋势,即从三水盆地往白云凹陷再往海盆方向迁移。

(3)在洋盆以外地区,新生代火山岩形成的高峰期是第四纪,裂谷期和海底扩张期间火山活动规模较小。海盆内部的后期火山岩活动明显,表明南海海底扩张结束后玄武岩还在活动。

三、主要构造运动

(一)中生代

中生代与南海形成演化密切相关的构造运动为燕山运动,主要表现为侏罗纪、白垩纪期间广泛发育的褶皱变形、断裂作用、岩浆喷发侵入以及部分地区的变质作用,主要时间为205~65Ma,具有多幕性,其特点如下。

燕山运动一幕发生在早侏罗末期,由于太平洋板块向欧亚板块俯冲加剧,南海地区出现大范围的隆升和断裂活动,岩浆活动也相当活跃,河源深断裂、莲花山深断裂、紫金-博罗断裂都有明显的反应,博罗—惠州一线有中细粒黑云母二长花岗岩侵入。

燕山运动二幕发生在中侏罗世末期,使得中侏罗世连同它以前的地层发生褶皱和断裂,晚侏罗世地层以角度不整合覆于其上。伴随运动高潮的到来,来自上地幔的岩浆沿着地壳薄弱地带上升侵位,形成龙窝、樟木头等6个同熔型中酸性侵入岩体,主要岩石类型为闪长斑岩、花岗闪长岩、二长花岗岩等,K-Ar法测年龄为146Ma,Rb-Sr全岩等时线年龄为163Ma。伴随运动的发生发展,在活动性最强烈的莲花山深断裂带的晚三叠世—中侏罗世地层中,发生变质作用,形成低绿片岩相变质带,部分已达角闪岩相。

燕山运动三幕发生在晚侏罗世,这也是燕山运动的主幕。主要表现为原有深断裂活动显著加强,使上地幔或下地壳部分物质熔融形成原始岩浆,通过活动的深断裂上升喷出地表,形成广东境内一系列北东向火山岩带,最大喷发厚度可达6400m,成为环太平洋火山岩带外带的一个组成部分。以莲花山喷发带作为分界线,显示出空间的发展变化趋势,受限于河源喷发带,而后向西及向东增强。西边的层位低,东边的层位高;西边喷发的强度弱、规模小,东边喷发的强度大、规模大且成片集中。从岩石化学成分上来看,由沿海向内地,总碱度有升高的趋势,即从钙碱性向碱性变化。

燕山运动四幕发生在早白垩世末期,重熔再生岩浆上升侵位,形成东南沿海众多的重熔型花岗岩体,如七娘坛、八万、甲子岩体等。

燕山运动五幕发生在晚白垩世,为燕山运动的尾声。晚白垩世的火山活动频率比早白垩世有增无减,但侵入活动则大为减少,侵入活动中形成十几个岩体,均为小岩株,岩墙产出,以花岗斑岩、钾长花岗岩、二长花岗岩为主,为广东省最后一期的花岗岩侵入活动。

(二)新生代

新生代以来,南海先后经历了8次区域构造运动,分别是神狐运动(礼乐运动)、珠琼运动(西卫运动)、南海运动、白云运动、南沙运动、东沙运动(万安运动)、台湾造山运动、流花运动(图2-6、图2-7)。这8次构造运动是欧亚板块、印度-澳大利亚板块和太平洋板块相对运动的结果,在南海南北向和东西向不同地区表现会有所差异。

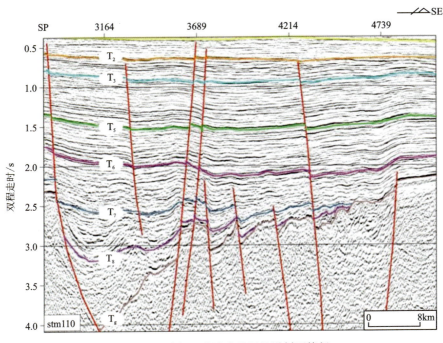

图2-6 珠江口盆地半地堑地震剖面特征

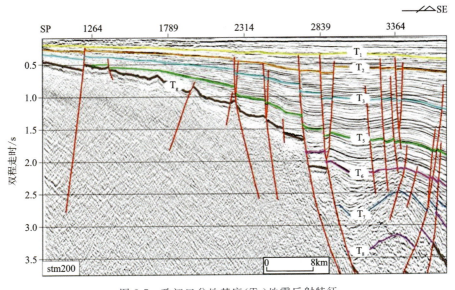

图2-7 珠江口盆地基底(T_g)地震反射特征

各构造运动地质特征如下。

1. 神狐运动（礼乐运动）

神狐运动，又称礼乐运动，在南海北部被命名为神狐运动，在南海南部被命名为礼乐运动，发生于白垩纪晚期—古新世早期（K_2—E_1），距今 67～65Ma，是一次张性构造运动，运动方向为北西-南东向，在地表产生一系列北东向构造（姚伯初等，2004）。神狐运动既是南海北部被动大陆边缘构造发展史的开端，也是南海新生代沉积盆地构造发育史的开端，它使区域构造应力由北西-南东向挤压转为北西-南东向拉张，在南海北部产生了一系列北东—北北东向张性断裂及地堑和半地堑（图 2-6），此后这些地堑和半地堑接受了湖相沉积发育为沉积盆地，形成了珠江口盆地、琼东南盆地、莺歌海盆地和北部湾盆地等张性盆地。区内大部分断裂开始活动于本时期，故又称为"裂开不整合"或"张裂不整合"（姚伯初和曾维军，1994）。

在地震剖面上 T_g 反射界面不整合于不同性质的基底上，在珠江口盆地神狐组底部与古近系基底杂岩系（声波基底）之间呈不整合接触（图 2-7），台西南坳陷和笔架低隆起区也存在与上述相当的反射界面，并且发现其下仍有中生代层组出现（刘宝明和金庆焕，1997）。钟建强（1997）认为台西南盆地 T_g 反射界面以下地层地震相结构呈发散状，呈楔状体，由西向东逐渐加厚并加深，与上覆地层呈角度不整合接触。以上表明，本期的构造运动导致了南海北部及其周边区域性具有不整合沉积建造特征，并且相互之间呈明显的呼应关系，同时也表明，南海北部地区及其周边从此进入了一个崭新的发展时期。

2. 珠琼运动（西卫运动）

珠琼运动，又称西卫运动，在南海北部被命名为珠琼运动，在南海南部被命名为西卫运动，是发生于中始新世和晚始新世之间区域性的构造运动（吴进民和杨木壮，1994；杨木壮和吴进民，1996），持续时间较长，为一次张性构造运动，不但对南海有重要的影响，而且对东南亚地区也具有重大影响。

在 45～42Ma 间，东亚和相邻地区发生了一系列的构造事件和板块运动方向、位置的改变：①印度板块新生代早期高速向北漂移，与欧亚板块碰撞；②太平洋板块对亚洲大陆俯冲方向由北北西向转为北西西向，一系列的转换断层变为俯冲带促使南海北部陆缘进一步拉张；③印度板块东南段发生第三次海底扩张导致印度-澳大利亚板块向北漂移，并沿爪哇海沟右行斜向俯冲，尤其是澳大利亚板块向北的运移速度突然增大，可能导致婆罗洲北部南倾的古南海的俯冲开始或者是俯冲的加速；④印支地块向东南方向大规模的挤压逃逸和旋转，南海西缘发育北南或北西向的剪切走滑断裂，构造运动以左旋张扭和右旋挤压作用为主，分隔了印支地块与中-西沙地块；古南海持续往南俯冲，曾母地块-南沙地块与婆罗洲地块自西向东碰撞、俯冲消亡，形成了曾母前陆盆地，在南海南部大规模的构造运动被称为沙捞越造山运动，形成具有区域性可对比的不整合面，钻井岩心揭示该不整合面上下沉积环境从半深海相突变为浅海相（Hutchison，1996）。在沙捞越至沙巴，沿卢帕尔线分布的含蛇绿岩块混杂岩的基质时代为始新世（Williams et al.，1988），增生楔拉姜群西段时代为古新世到始新世，婆罗洲北部一系列东西走向的山间盆地最底部的沉积都是中—上始新统含火山岩的磨拉石建造

(Hutchison,1989),说明沿卢帕尔线的碰撞(沙捞越造山运动)最可能的发生时间是晚始新世—早渐新世,即45~32Ma(Hutchison,1996;Cullen et al.,2010),并从西段开始封闭。

此次运动在南海各沉积盆地中表现为整体沉降背景下的抬升运动,在珠江口盆地恩平组的顶部出现不整合,为抬升和剥蚀时期,与上覆珠海组之间表为T_8地震反射界面。南海北部陆架和陆坡的广大地区,包括台西南盆地、莺-琼盆地和北部湾盆地等普遍抬升,大部分地区遭受剥蚀,形成区域性不整合(林长松等,2007)。这次构造运动在地震反射界面上为明显的角度不整合,以及界面上发育上超反射特征(图2-8)。此构造运动之后,珠一、珠二和珠三等几个坳陷乃至整个南海区域基本进入了另一个继承性的沉降发展阶段。

在区域性张性应力场的构造背景下,局部地区由于边界条件的差异形成压扭或张扭应力场。珠三坳陷局部处于压扭的构造环境,形成了逆断层和正花状构造。

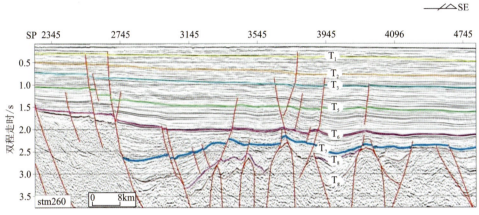

图2-8 珠江口盆地T_7界面地震反射特征

3. 南海运动

南海运动最早由何廉声(1988)在研究南海北部构造运动时提出,对应地震剖面明显的T_7反射界面。南海运动是新生代以来东南亚地区的重大构造事件之一,发生于早—晚渐新世,随着南沙地块、礼乐-东北巴拉望地块裂离华南大陆,南海中央海盆开始扩张,T_7是在前期裂谷基础上由海底扩张作用形成的"破裂"不整合面。

南海运动表现为全球海平面急剧下降的低海面时期(Vail et al.,1979)。这次与南极冰川作用有关的全球海平面下降,在各沉积盆地中表现为抬升运动,造成沉积间断和岩相的变化。在珠江口盆地恩平组的顶部出现不整合面,发生时期为抬升和剥蚀时期,它与上覆珠海组之间为T_7地震反射界面。南海广大地区普遍抬升,大部分地区遭受剥蚀,形成区域性不整合。这次构造运动在地震反射界面上表现为明显的角度不整合,以及界面上发育上超反射特征(图2-9)和断陷沉积作用,与下伏地层为角度较大的削截反射特征。在各个盆地的钻井剖面上,也有地层和化石带的缺失。本次构造运动之后,珠江口盆地乃至整个南海区域基本进入了另一个继承性的沉降发展阶段。在海区南部的古南海洋壳被进一步消减,巴拉望、沙巴弧形成雏形,文莱-沙巴、北巴拉望弧前盆地开始形成。

在台湾岛有与该期相当的构造运动,它延续至中新世之前,在台湾岛脊梁山脉的毕禄山组(时代为始新世早中期)的顶部出现不整合,引起了古近系及其更老的地层上升成陆,部分古近系受到褶皱断裂作用(郑家坚等,1999),则称为埔里运动(李振五等,1981)。

此构造运动期间,南海由陆间裂谷发展到大洋裂谷,南海扩张开始,出现洋壳。因此,这次构造运动在地震剖面上表现为破裂不整合。

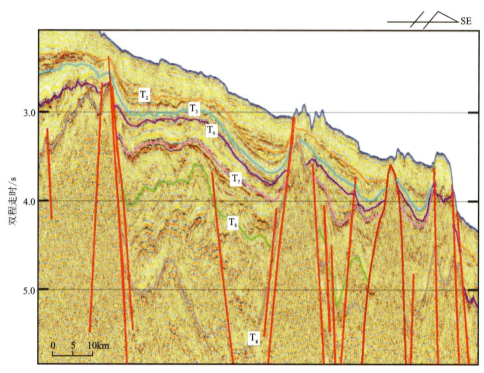

图 2-9　南海运动 T_7 界面地震剖面特征

4. 白云运动

这次构造运动发生在渐新世与中新世之间,在珠江口盆地珠江组与其下伏珠海组之间的不整合是这次构造运动的反映,在地震剖面上表现为 T_6 反射界面,具有明显的削截反射特征(图 2-10)。在渐新世晚期,本区曾经下降接受了沉积,而在渐新世末期再次发生上升运动,大部分地区遭受剥蚀。南海东北部海盆的相应反射界面的上、下层组之间为不整合接触。莺-琼盆地三亚组与下伏的陵水组及北部湾盆地下洋组与下伏涠洲组之间都属于假整合接触关系。这次构造运动在磁异常上也有反映:在磁异常 7-6b(26～24Ma)期间,南海扩张轴出现由近东西向转为西南向的跳跃偏转现象,扩张由东部次海盆向西南次海盆跃迁,此时白云凹陷在沉积环境、沉积作用、海平面变化等方面发生一系列改变。

除此之外,多种资料都反映了在渐新世末(23.8Ma)发生过一次重要的构造事件:ODP1148 孔的资料反映 23.8Ma 时沉积速率和各种岩石地球化学数据、孢粉含量曲线、有机质含量等都表现出明显的突变(邵磊等,2004);南海北部地震资料反映 23.8Ma 界面沉积作用发生明显的变化;微体古生物资料建立的珠江口盆地相对海平面变化曲线也在23.8Ma时出现跳跃;23.8Ma之前白云凹陷为陆架沉积环境,23.8Ma之后发生强烈热沉降后形成陆坡深水环境(庞雄等,2006)。

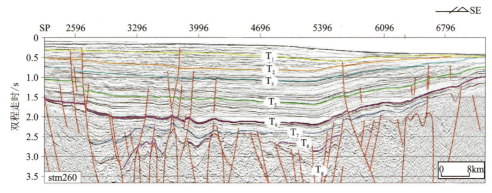

图2-10 珠江口盆地T_6界面地震反射特征

5. 南沙运动

根据南海南部海区钻井、地层岩性、沉积环境、构造应力体系和古生物资料的综合对比分析结果,结合婆罗洲陆地测年结果和区域构造事件的对应关系,在早中新世末—中中新世(17~15Ma)发生一次重要的构造运动——南沙运动,对应地震剖面T_5、T_6反射界面(图2-11)。

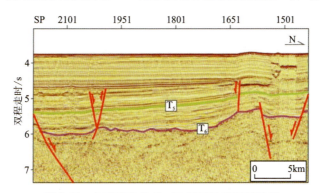

图2-11 中建南盆地T_5、T_6界面地震反射特征

该构造运动在南海南部表现强烈,在南部曾母盆地、北康盆地和文莱-沙巴盆地对应MMU不整合面(Cullen et al.,2010);在北婆罗洲地区记录沙巴构造事件(Huchsion,1996),该碰撞事件在南海洋壳磁条带有反映(Brais et al.,1993),在区域构造上,是南海海底扩张停止的一个构造响应界面,是古南海向南俯冲消亡于婆罗洲之下,曾母地块和南沙地块自西向东分别与婆罗洲地块发生剪切式碰撞的结果,在南海南部海区表现明显,在各个盆地内具有基本相似的地震反射特征,为强烈的不整合面,与前人认识基本一致,是变形前后两大套地层的分界;不整合面表现为削蚀强烈,起伏大,同相轴粗糙、扭曲。在南海北部,该构造运动反映不明显。在南海西部,该构造运动对西南次海盆以南地区影响强烈,T_5不整合面特征明显,往北该构造运动逐渐减弱,表现T_5界面变为整合/假整合特征。

6. 东沙运动(万安运动)

东沙运动,又称万安运动,在南海北部称为东沙运动,在南海南部被称为万安运动。此次运动发生在中中新世末期至晚中新世末期,距今约 10.5Ma,造成区域性的不整合。运动方向为北西-南东向,产生一系列北西西向断裂。此次运动可能是菲律宾板块逆时针转动碰撞欧亚板块产生的北西向运动所致,使得区域应力场由张扭转为压扭,马尼拉海沟左侧地层挤压隆升,珠江口盆地在沉降过程中发生断块升降,隆起剥蚀,并伴有挤压褶皱和岩浆活动(姚伯初和曾维军,1994;李平鲁等,1999;姚伯初等,2004)。地震剖面上为 T_3 反射界面,地层在隆起区被剥蚀,地层被上覆地层削截(图 2-12)。钻井揭示有地层缺失,超微化石缺失。此后,广泛的海侵,地壳稳定下沉,以致晚中新世—第四纪地层覆盖全区。

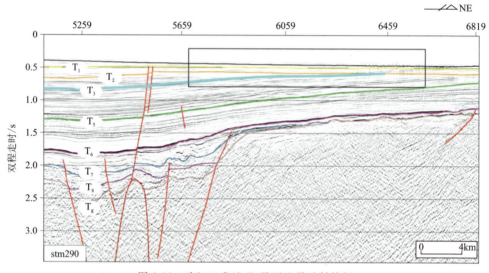

图 2-12 珠江口盆地 T_3 界面地震反射特征

中中新世和晚中新世(距今 13~10Ma),在珠江口盆地区韩江组与粤海组之间为不整合(或假整合)接触。在海盆与陆坡的过渡带有一向海盆方向倾斜的上超面,标志着此时两者之间发生过比较强烈的差异沉降。中中新世末至晚中新世早期是陆缘区沉降幅度和沉积速率的高峰期,并伴有区域性的玄武质岩浆喷溢活动。与此同时,南海东北部海盆的相应反射界面上下层组之间、莺-琼盆地黄流组与其下伏梅山组之间均为不整合接触。

7. 台湾造山运动

此次构造运动发生在中新世末至上新世之间(距今约 5Ma),在珠江口盆地震反射剖面上的万山组和粤海组之间为不整合(或假整合)接触关系;在陆坡区粤海组的顶面常出现剥蚀面的反射特点,在地震剖面上为 T_2 反射界面(图 2-13)。

在陆架区可以见到在被夷成平面的基底隆起上沉积了万山组,在西部陆架区的某些地段可以看到万山组下面的前积反射结构。盆地内发育波浪状的沉积层,在它的隆起部位粤海组的上部受到明显剥蚀;在它的低洼部分沉积了水平或接近水平的沉积层。钻井资料表明,万山组和粤海组之间的不整合面是中新世末的一个构造层面。此次构造运动导致南海东北部陆架隆升,海平面下降,后期形成莺歌海组陆架外缘低位体系,其地震特征具明显的前积反射结构。在台湾地区此次构造运动称为"海岸山脉运动",在台湾浅滩上的基准井中见到上新世和中新世之间有一个区域性不整合面(林长松等,2007),更多研究者将其称为台湾造山运动。

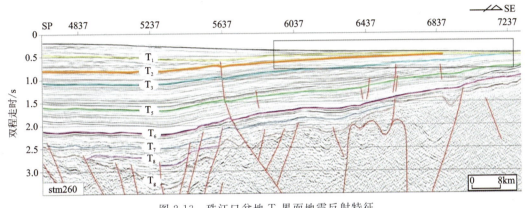

图 2-13　珠江口盆地 T_2 界面地震反射特征

8. 流花运动

流花运动是上新世末—更新世初、万山组沉积之后(1.87~1.4Ma)发生的一次构造运动,导致第四系中不整合面的出现,基本代表上新世和早更新世的界限。地震剖面上出现第四系和万山组之间的剥蚀面,有好几套地层,如万山组和粤海组。这些地层广泛出现在海底,仅有少量甚至没有沉积物,意味着该区在第四纪经历了构造抬升和强烈剥蚀,并为周围低地提供沉积物源。根据地震剖面获得的海平面变化曲线,在东沙隆起区及其周缘凹陷,除上新世晚期有过短暂的海退外,整个上新世都是海侵占优势。对于台西南盆地,流花运动形成了一个重要的不整合面,在台南盆地也出现强烈的断裂活动和差异升降,出现厚于1000m的第四纪沉积物。弧陆碰撞(俯冲)作用导致东沙隆起的东部构造运动比西部强烈。

四、主要断裂特征及新构造运动

中生代以来,南海经历了多次构造运动,形成了性质各异、规模不等、纵横交错、类型多样的断裂构造体系。从平面展布特征来看,它大致分为北东向、北西向、近南北向和近东西向断裂,其中北东向断裂多为张性断裂,北西向和近南北向断裂多为剪性断裂,近东西向断裂以张性为主;从力学性质可分为张性断裂、剪性断裂和压性断裂。断裂活动主要集中在晚中生代—新生代。

(一)断裂体系

1. 北东—北东东向断裂

北东向断裂是南海最重要的断裂,以张性为主,推测其多与中国东部陆缘的拉张有关,一般为中生代以来的基底断裂。

1)闽粤滨海断裂带

闽粤滨海断裂带(F1,图 2-14)分布在 40~50m 水深线附近,走向与海岸线平行,主要呈北东—北东东走向,由于延绵广东、福建沿海,故此处命名为"闽粤滨海断裂带"。此带的西北侧为大陆地形顺势延伸的水下岸坡区,地势起伏变化大,陆连岛、陆连沙嘴发育,岛链、礁岩星罗棋布,水下谷地、洼地交错,新生代沉积分布不连续,厚度一般不超过 200m;其东南侧岛礁消失,地势平坦,普遍被新生界覆盖,厚度一般超过 500m。

表层取样资料表明,此带还是大陆沿岸泥类沉积物(北侧)与滨浅海砂类沉积物(南侧)的重要分界线。该断裂带是历史上多次强震的发震构造,近期弱震密集分布。该断裂带由一系列近于平行的规模不等的断裂组成。前人对该断裂带进行了许多研究,但对其构造走向、发育位置、断裂性质和形成时代等方面还存在较大争议,且不同的调查、不同学者对该断裂带的命名也不同。如姚伯初和曾维军(1994)根据华南加里东期古构造的特征,认为滨海断裂带是陆块碰撞的缝合带。刘以宣等(1994)提出了海陆过渡带北东东向的控震断裂为滨海断裂带。冯志强等(1998)认为在珠江口外海陆之间存在一条古生代时期的板块缝合带,其北为华南陆块,其南为南海陆块。姚伯初(1998)认为福建—广东沿海地区的南澳-香港断裂两侧的地壳结构差异很大,断裂两侧的地块具有不同地质演化史,在一定地质时期沿该断裂缝合在一起,并推测该断裂是一条岩石圈断裂。吴进民(1998)认为碰撞结合带应具有蛇绿岩带等代表古洋壳残余的岩石组合,但是沿该带并未发现印支—燕山早期的蛇绿岩带,结合地层、古地磁和古生物等证据,认为南海北缘滨海断裂带不可能是南海北缘地体与华南板块的碰撞结合带,根据滨海断裂带对中生代北东向断裂的错移和新生代海陆沉积地层的差异,认为它可能是一条新生代早期的断裂。而徐杰等(2006)根据珠江口盆地的基底性质分析认为,滨海断裂带是发育于华南加里东褶皱带内的断裂带,不是陆块之间的碰撞拼贴带。程世秀等(2012)根据滨海断裂带两侧古新统厚度差异较大,认为该断裂发育于古新世,是南海北部的控盆断裂。王树民等(1999)根据重磁异常特征及表层凹陷的排列特征,推测滨海断裂带的基底具左行走滑活动性质。陈汉宗等(2005)通过重磁异常分析,认为南澎-香港断裂带在北东段可能与北东走向的闽粤滨海断裂带相连,断裂带两侧新生代地貌发生明显的海陆分异特征,深部构造探测表明存在南倾的断裂破碎带;根据上、下地壳厚度不同,推测该断裂带可能为岩石圈断裂。赵明辉等(2004)和夏少红等(2008,2010)在广州与香港外海海陆联合深地震探测实验获得的二维结构模型中,探测到一条穿越整个地壳的低速破碎带,并结合重磁异常特征,确定了该低速破碎带即为滨海断裂带。根据地壳特征的不同,笔者认为:该断裂带是华南沿海和南海北部陆架两个不同地质单元的分界线,但因地震探测的实验接收台站均分布在滨海断裂带靠陆

第二章 南海地层与地质构造特征

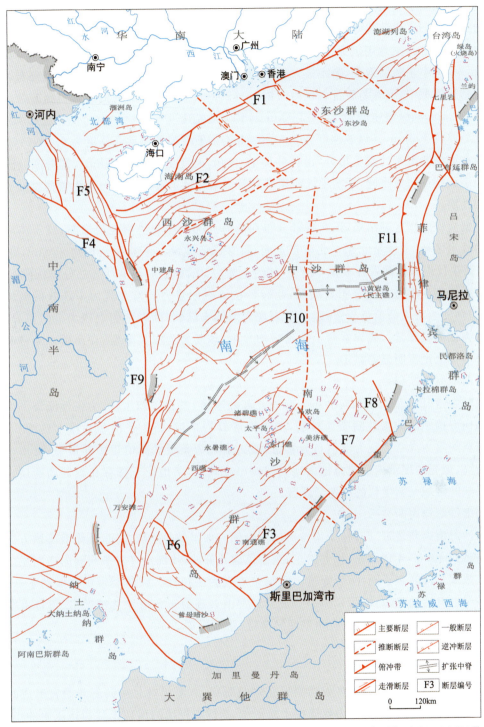

图 2-14 南海重要断裂分布图（据中国地质调查局广州海洋地质调查局，2015）

一侧,未能很好地获取滨海断裂带的形态、内部结构等。2010年,地质工作者对珠江口盆地再次开展海陆联测实验,在滨海断裂带两侧均布置了陆基和海底地震接收台站,以期探测该断裂带的结构形态。曹敬贺等(2014)利用海陆地震联测数据,探测到滨海断裂带在担杆岛外12km处发育,在反射地震剖面中表现为宽约20km的高角度正断层,断裂带主体倾向南东,内部由一系列小正断层组成,断距最大达1.5km。滨海断裂带控制两侧的沉积物分布。在二维速度结构模型中,滨海断裂带表现为一宽18~20km、切至莫霍面的低速带。断裂带内部沉积层厚约2km,其纵波速度为1.8~3.5km/s,其上地壳速度5.2~6.1km/s,下地壳顶部低速层在此处厚约1.5km,其纵波速度为5.5~5.7km/s,断裂带的下地壳速度为6.3~6.6km/s,莫霍面在滨海断裂带处发生抬升,由其陆侧的29km突变至海侧的27km。滨海断裂带两侧的地壳结构特征明显不同,证实了该断裂带具有华南陆区正常型陆壳与南海减薄型陆壳分界断裂的性质。

根据南海海洋区调结果,该断裂带分布在南海北部陆缘与华南地块之间,位于南海北部陆架的浅水区域,主体呈北东—北东东走向,贯穿南海北部。该断裂全长约850km,宽10~24km,新生代以来内部发育多条小断裂,均为正断层,倾向南东,具有明显的分段特征。

该断裂在重磁上也有明显反映,断裂带位置空间重力异常表现为串珠状的低值正异常,断裂两侧表现为低值负异常;磁异常表现为负的串珠状,断裂南侧表现为低值正异常,北侧表现为低值负异常。磁异常向上拖延后均显示,该断裂为深大断裂,且在重力异常和磁力异常梯度带上也有明显的显示。

2)西沙海槽断裂带

该断裂带(F2)呈北东东向展布于南海北部陆缘区,发育于新生代,为张性断裂。海槽两侧为倾向海槽中心的张性断裂所控制,槽内地形较为平坦,新生代沉积物厚度约为3000m。沿海槽空间重力异常表现为低值负异常带,磁力表现为条带状高值正磁异常带;海槽内的热流值较高;地壳速度结构反映海槽内地壳两侧厚度较薄,下地壳下部存在异常高速层。以上特征反映此区域是新生代的构造活跃区。

3)南沙海槽南断裂带

南沙海槽南断裂带(F3)位于南沙海槽东南侧与加里曼丹陆块之间,总体沿海槽方向平行展布,长约840km,走向北东,倾向南东,东南盘向北仰冲,浅部发育多条同倾向逆断层。与南海大多数北东向断裂不同,南沙海槽南断裂带表现为压扭性。该断裂带主要活动于新近纪,但第四纪也有活动(熊莉娟等,2012)。重力异常上表现为正布格异常梯度带、负自由空间异常梯度带和一系列串珠状的负自由空间异常带(张殿广等,2009)。

2. 北西向断裂

北西向断裂发育较多,大多数切割了北东向断裂,表明相对北东向断裂而言形成时间较晚。一般为剪切性质,该断裂主要受控于太平洋、菲律宾板块的剪切推移和挤压俯冲作用,主要活动时间为中生代末—中新世末。

1)红河断裂带

红河断裂带(F5)北起青藏高原,穿越我国云南省及越南北部,向东南延入南海,陆区全长逾 1000km，是东南亚一条显著的地质、地貌分界线。Tapponnier 等（1982）提出的印度-欧亚板块碰撞挤出模型，将红河断裂作为东南亚块体滑移的北部边界并与南海的形成联系起来。该断裂带在陆区构造形迹上发育十分显著，他们对变质作用、变形构造、岩浆活动等方面的大量研究表明这条断裂发育于中生代，是一条大型剪切带。在海区，该断裂带在新生代发生过左行走滑，后期（5Ma）又发生了右行走滑。该断裂带从红河口入海后沿莺歌海盆地向东南延伸到海南岛南部，控制了莺-琼盆地的发育，对于其进一步的延伸目前还存在多种看法，最新研究成果认为红河断裂被近南北向的南海西缘断裂带所切，从西沙西南地区继续往南东方向延伸，可能与南沙地区的巴拉巴克断裂相接（万玲等，2002）。这一认识已得到南海地区天然地震面波层析成像结果的支持，不同深度的 S 波速度分布表现为从莺歌海盆地往东南方向存在一条显著的北西向构造带，并穿越整个南海海区。因此，红河断裂带可能还包括印支陆区的黑水河、马江断裂等北西向构造带，在新生代被南海西缘断裂的右行走滑作用所截切，在南海西部和南部海区的北西向构造中则可能反映了印支陆区北西向构造的延伸。

2）廷贾断裂带

该断裂带（F6）位于曾母盆地东北侧，向东南直抵加里曼丹岛并延伸至岛内，往西北从西卫滩和万安滩之间穿过，北西走向，全长约 800km，亦是海底地貌单元北康暗沙和南康暗沙之间的分界线。该断裂带是一条巨大的走滑断裂带，东、西两侧具有不同的构造特征，断裂以东构造方向为北东向，以西则为北西向。综上，廷贾断裂带是南海南部最重要的断裂之一。

3）巴拉巴克断裂带

巴拉巴克断裂带（F7）位于巴拉巴克岛与邦吉岛之间，发育于新生代，呈北西向延伸，长约 800km。该断裂带向南构成苏禄海盆的西界，向北分割了西巴拉望盆地和沙巴-文莱盆地，推测向北延伸至南沙。断裂东、西两侧构造方向不同，东侧以发育北东向断裂为标志，西侧以发育东西向和北东向断裂为特征。

该断裂带在重磁资料上有明显反映，布格重力异常水平梯度大；在断裂两侧磁异常走向明显不同，东北侧磁异常总体呈北东向，西南侧磁异常大致呈近东西向；地震剖面上反映断裂两侧的反射特征存在明显差异，西南侧（上盘）地层层序整齐平直，东北侧（下盘）地层掀斜。该断裂带切割了北东向断裂，具典型左行走滑特征。

3. 近南北向断裂

近南北向断裂主要分布在南海东西两侧，中央海盆也有分布。

1）南海西缘断裂带

南海西缘断裂带（F9）位于越南东部海岸陆架与陆坡转折处，主体位于越南东部海岸 E109°30′—110°之间，北端始于 N17°30′附近的海南岛南部，通常将 N11°30′—17°30′之间的北段称为南海西缘断裂带，N11°30′以南称为万安断裂带，构成万安盆地的东界，此处将南北段合称为南海西缘断裂带。该断裂带由一系列大致呈南北向的断裂组成，地形地貌、重磁异常、地震剖面上均有反映，目前大多数学者认为该断裂带形成于新生代南海扩张期间，作为南海西缘的一条转换调节带，为一条右行走滑剪切带。右行走滑特征表现为万安盆地内呈雁行状排列的北东—北北东走向的张性断裂及凹陷。该断裂带北端（N16°以北）的琼东南盆地南部的北东向断裂表现为马尾形态,指示断裂带发生过右行走滑。地震剖面及钻孔资料进一步揭示,该断裂的走滑活动始于晚渐新世,很可能更早,结束于早中新世。中中新世末,南海西缘断裂带有过短暂的左行走滑活动,在万安盆地内形成一系列北东向褶皱构造,褶皱强度由东向西减弱。中新世末期,南海西缘断裂带又恢复了右行走滑特征。由于该断裂带的右行走滑活动,将印支陆区北西向构造带截断。南海西缘断裂带经万安盆地后,可能继续向南经过纳土纳隆起、勿里洞坳陷,直到爪哇海沟,形成一条规模宏大的南北向构造带。卫星测高重力及实测的重磁异常资料表明,这条断裂带内存在一系列南北走向的重磁异常,莫霍界面等深图也反映出明显的梯度带。沿该断裂带发育了一系列富含油气的沉积盆地,如中建南盆地、万安盆地,这些盆地的形成与该带的拉张走滑活动有密切关系。

2)中南-礼乐断裂带

该断裂带(F10)位于南海中央海盆与西南海盆及西北海盆交界处,向北可延至南海北部陆坡,向南经礼乐滩西部的礼乐海槽,直抵南沙海槽。据国外学者研究成果,断裂还可能继续向南延伸到加里曼丹的沙巴地区,将东北沙巴的北东向构造与西南沙巴的近东西向构造分开。断裂全长约1700km,地形上总体表现为低凹。断裂东、西两侧磁条带不但走向差异明显,而且具有不同的磁异常强度和方向,在磁性层结构上亦如此。西南海盆为北东向展布,中央海盆为东西向展布,显然分属两个不同的扩张中脊,重力异常亦显示出同样的展布特征,同时在自由空间重力异常上表现为重力低值带;在南沙群岛穿越礼乐海槽的地震反射剖面上表现出典型的负花状构造,反映该断裂为张性走滑断裂。据研究,该断裂活动时期有早、晚两期,其中早期活动发生在渐新世—早中新世,由于南海中央海盆的扩张,导致礼乐滩-东北巴拉望地块向南移,中南-礼乐断裂即作为其西界的转换断层。早中新世,随着礼乐滩-东北巴拉望地块与南部地块的碰撞,海底扩张停止,但该断裂的活动并未终止,表现为走滑。总之,中南-礼乐断裂在南海洋盆的形成演化中具有十分重要的控制作用。

3)马尼拉海沟断裂带

马尼拉海沟断裂带(F11)北起台湾岛南端海域,呈近南北向的弧形沿4000m水深线展布,全长约1000km;若将吕宋海槽西、东缘断裂包括在内,该带宽数10km。马尼拉海沟断裂带构成马尼拉海沟的东、西两壁,西缓东陡,海沟沉积层东倾,沉积层以下为大洋层,厚度在2000m左右,再往下厚度约4000m;海沟附近的地震活动性较弱,无深源地震。马尼拉海沟断裂带在新生代经历几次转变,早古新世时为张性,南海南北向扩张时期为剪切性质的转换断层,早中新世后转变为向东的俯冲带。

吕宋海槽西、东缘断裂带为北吕宋海槽和西吕宋海槽的东西边界,海槽槽底平缓,两壁较陡,重磁异常特征明显,地震频繁,震源一般浅于100km,被北西向断裂错切而形成南北差异。从自由空间重力异常值低于马尼拉海沟以及磁场特征上看,南海海盆东南向较强烈的陷落或俯冲作用应发生在北吕宋海槽西缘断裂内,而非马尼拉海沟。马尼拉海沟断裂带是南海东部边缘-沟弧-盆系的重要组成部分。

此外,南海海盆洋陆边界发育一系列平行向海盆倾斜、呈阶梯状陷落的断阶带;各个次海盆扩张中心伴有转换断层和张性断层。地震资料表明,东部次海盆和西北次海盆的断裂多为正断层且大多切穿洋壳基底,其中东部次海盆以北东向断裂为主。

4. 近东西向断裂

近东西向断裂主要分布于中央海盆和南海北部,大多活动于晚渐新世至早中新世。

(二)新构造特征

目前的主流观点认为中中新世末至晚中新世,即10.5Ma作为南海新构造运动开始的时间。南海及邻域的新构造运动在强度上表现为东强西弱,在应力性质方面表现为东挤西张或先挤后张,造成东部因挤压作用伴生强烈的火山和地震,西部则处于弧后拉张环境,以张裂构造活动为特点;在时间上具有东早西晚、自东向西波动递进的特点。这些特征反映出南海及邻域新构造运动是在全球构造统一构造应力场作用下的幕式运动(Yu et al.,2017)。

1. 活动断裂

南海发育的活动断裂主要延伸方向为北东向、北西向和近南北向,其中南海北部和南部海域以北东向和北西向断裂为主,西北部以北西向断裂为主,东缘和西缘以近南北向断裂为主。按断裂的规模和切割深度,活动断裂可分为岩石圈断裂、地壳断裂、基底断裂和盖层断裂。

岩石圈断裂主要发育于南海东、西、南边缘。东缘从北往南为台湾造山带-马尼拉海沟-民都洛逆冲断裂带,呈近南北向,常发生7级以上的大地震,是一个巨大的地震活动带。南缘为八仙-库约俯冲逆冲断裂带,呈北东东向,从西往东分别被北西向的廷贾断裂、巴拉巴克断裂以及乌鲁根断裂错断,有记录以来的大地震不多,后期活动性较弱。西缘为红河断裂、南海西缘断裂以及卢帕尔断裂,北段红河断裂呈北西向,中段南海西缘断裂呈南北向,南段卢帕尔断裂呈弯曲状,沿该断裂带亦有大地震发生。

地壳断裂主要分布于南海西部、北部、南部陆缘以及中央海盆周边,典型的地壳断裂如南海北部的滨外大断裂、南部海域廷贾断裂-巴拉巴克断裂-乌鲁根断裂以及中央海盆洋壳边缘断裂等。地壳断裂总体上控制了南海海盆的菱形构造格架以及陆缘岛链、陆架、陆坡等构造格局。在这些断裂附近曾发生过6级以上地震,个别达7级以上,大多数地壳现今仍在活动。

基底断裂多产于陆架外缘,早期(断陷期)控制盆地或坳陷的形成演化,是重要的边界断裂,晚期(坳陷期)活动性较弱,部分延伸至沉积顶层,但基本上不错动地层,引发的地震较少。

盖层断裂主要形成于区域统一的构造应力场中,断裂延伸短、切割深度小且不错断沉积层,如南海北部一系列北东向和北西向的小断裂,在一定程度上反映了后期构造应力场的大小和方向。

2. 地震

世界三大地震带之首的环太平洋地震带,集中了70%以上的大地震,排名第二的地中海-喜马拉雅火山地震带(欧亚地震带),涵盖了20%的大地震,其分布相对于环太平洋地震带较为分散。这两大地震带在南海交会。南海及周缘6级以上地震多沿板块边缘分布,集中在板块相互作用的地带。有记录以来绝大多数大于 4 级地震集中在南海东部和北部,西部和西南部少。台湾岛、马尼拉海沟以及菲律宾群岛是地震的频发区。沿着马尼拉海沟和菲律宾海沟边界吕宋火山岛弧密集分布大于 6 级地震,显示了新构造期这些区域具有非常强的构造活动性质。南海北部陆缘地震活动性相对于台湾岛、马尼拉海沟以及菲律宾群岛来说较弱,但相对于南海其他区域来说则较强,呈北东向带状分布,与构造带的方向一致。

历史上中国东南沿海曾发生过 1604 年泉州 8.0 级大地震,1605 年琼山 7.5 级大地震,澳大利亚 1918 年发生过 7.3 级大地震。此后,无破坏性大地震发生;南海南部地震活动则相对平静,除了 1930 年在皇路礁附近发生过 6 级地震外,其他地震震级小,多集中在 0~3 级之间。

根据地震活动分布(震级大于 4 级),结合构造活动带特征,南海及邻区可划分为台湾-菲律宾群岛地震带(强地震活动带)、闽粤滨海地震带(中等强度地震活动带)、海南东沙地震带(中等强度地震活动带)、中央海盆地震带(中等强度地震活动带)、加里曼丹地震带(弱地震活动带)以及苏禄苏拉威西地震带(弱地震活动带),南海西部及西南部则相对平静。

3. 火山

南海北部集中在雷琼地区,为陆相喷发,以基性岩为主;南海东部菲律宾近代活火山主要分布在吕宋岛中科迪勒拉山、马德里山、三描礼士山。据不完全统计,菲律宾群岛和印尼岛弧现代活火山 84 座(刘以宣等,1994);南海南部的火山活动相对较弱,发育 3 个死火山口,分别位于西卫滩北缘 5km,万安滩南 80km 和南通滩附近。南沙群岛西北的越东海岸秋岛于 1923 年发生过一次火山喷发活动(詹文欢等,2006)。南海西缘的火山作用主要发生在两个阶段:第一阶段发生在九龙盆地内,集中在晚渐新世至中新世初;第二阶段始于早中新世,因玄武岩在陆地喷发,特别是在中建南盆地(Fyhn et al.,2009)。

ODP184 航次 1148 井和 1143 井中发现更新统火山灰,越往上火山灰越多,表明更新世以来火山活动增强,推测这些火山灰来源于菲律宾火山弧。

4. 滑坡

海底滑坡主要分布在水深 200~2000m 的陆坡区,多与活动构造密切相关,重力作用和陆架外缘丰富的沉积物是滑坡发生的内因,而触发因素主要有地震、活动断裂、底辟、泥火山,甚至风浪等。

南海北部陆坡区可划分东沙、神狐、西沙和琼东南 4 个陆坡段的海底滑坡带(马云等,2014),滑坡带的水深 200~300m。根据滑坡发生的区域及触发机制,可圈出南海北部易发生滑坡的 7 个滑坡区,其中琼东南坡折带滑坡区具有坡度陡、地形高差大等特点,稳定性最差,极易发生滑坡;西沙陆坡峡谷滑坡区外缘发育若干个大规模的滑坡扇,极易发生大规模的滑坡体。

南海南部的前陆造山作用和东侧的菲律宾板块碰撞导致地震频发,而南部海域整体坡度相对平缓、火山活动相对平静,故地震是主要诱发因素。詹文欢等(2006)在地震剖面上识别出组合滑坡或阶梯状滑坡,对海底工程会造成灾害性的影响。南海东南海域的地震剖面解译中发现了一个规模巨大的海底滑坡,长达 160km(王龙樟等,2018)。

"南海油气"系列

第三章

南海北部盆地油气资源

第一节　南海北部陆缘盆地地质特征

古近纪以来，南海北部大陆边缘盆地，普遍经历了裂谷断陷期、后裂谷热沉降坳陷期及新构造活动期三大发展演化阶段，形成了下断上坳的盆地剖面结构特征，进而控制了区域构造演化及沉积充填特点与油气富集成藏的基本地质条件（何家雄等，2016）。

南海北部大陆边缘新生代四大盆地（珠江口盆地、琼东南盆地、莺歌海盆地、北部湾盆地）是我国第二大海洋油气生产基地，勘探程度相对较高，本节将重点介绍其地质特征。

一、珠江口盆地

珠江口盆地位于南海东北部与华南大陆南缘之间，即海南岛与台湾岛之间的海域，其地理位置为东经111°—118°，北纬18°30′—23°00′，呈北东走向，大致平行于华南大陆岸线，属华南大陆边缘的水下延伸部分。

珠江口盆地内发育北部隆起、中央隆起、南部隆起3个正向一级构造单元和珠一坳陷、珠二坳陷、珠三坳陷、珠四坳陷4个负向一级构造单元（杨海长等，2017），详见表3-1。

珠一坳陷主要由恩平凹陷、西江凹陷、惠州凹陷、陆丰凹陷、韩江凹陷组成，珠二坳陷主要由开平凹陷、顺德凹陷、白云凹陷组成，珠三坳陷主要由文昌A、B、C、D、E凹陷，以及琼海凹陷、阳江凹陷、阳春凹陷组成，珠四坳陷主要由鹤山凹陷、荔湾凹陷、兴宁凹陷、靖海凹陷组成。盆地西、北距陆地均约100km，海水深度自北向南逐渐增大，水深自几十米至3000多米，珠一坳陷、珠三坳陷在水深300m以浅范围内，珠二坳陷水深多小于1500m，珠四坳陷水深多大于1500m。近年来，勘探发现的油气及油气田主要分布在陆架浅水区的珠一坳陷、珠三坳陷、白云凹陷、番禺低隆起等区域（图3-1）。

（一）盆地演化阶段

珠江口盆地位于大陆型地壳和过渡型地壳之间，处在欧亚板块与太平洋板块及印度-澳大利亚板块相互作用的复杂构造活动区，经历了从中生代主动大陆边缘岛至新生代被动大陆边缘的复杂地球动力学演变过程，不仅存在中生代残留盆地，而且其上叠置发育了古近纪—新近纪陆相断陷裂谷盆地，因此现今珠江口盆地是在中生代残留盆地基础上发育起来的，且受被动大陆边缘地质背景控制，为一断陷裂谷盆地，具有残留叠加复合的盆地属性。新生代陆相断陷裂谷盆地大致经历了断（裂）陷期、断坳期和坳陷期3个构造演化及沉积充填的发育

表 3-1 珠江口盆地主要构造单元表（据杨海长等，2017；马兵山，2020修改）

盆地名称	一级构造单元	二级构造单元		走向	古近系断陷结构	凹陷面积/ km²	基底埋深/ m	古近系残留厚度/ m
珠江口盆地	珠一坳陷	恩平凹陷		NE	北断南超半地堑	5000	7800	4200
		西江凹陷		NE	北断南超半地堑	8200	5200	2200
		惠州凹陷		近EW	复式半地堑、地堑	8230	6000	3800
		陆丰凹陷		近EW	复式半地堑	6700	4300	1700
		韩江凹陷		近EW	复式半地堑、地堑	7400	5700	2200
	珠二坳陷	开平凹陷		NE	北断南超半地堑	2020	5200	2500
		顺德凹陷		NE	地堑、半地堑	7900	4000	2600
		白云凹陷		NE	地堑、半地堑	12 300	11 000	8000
	珠三坳陷	阳春凹陷		NE	南断北超半地堑	3300	5000	2300
		阳江凹陷		NE	复式半地堑、地堑	2100	5000	2500
		琼海凹陷		NE	南断北超半地堑	1230	5600	2600
		文昌凹陷	A	NE	南断北超半地堑	2600	8900	3000
			B	NE	南断北超半地堑	1480	6750	2000
			C	NE	南断北超半地堑	820	4500	2000
			D	NE	南断北超半地堑	550	3500	1200
			E	NE	南断北超半地堑	2250	4300	1800
	珠四坳陷	荔湾凹陷		NE	地堑	2900	10 000	3500

注：珠四坳陷实际由鹤山凹陷、荔湾凹陷、兴宁凹陷、靖海凹陷组成，但本表中只列出荔湾凹陷。

阶段，共发生过5次对盆地的构造、沉积有重大影响的大的构造运动，即神狐运动、珠琼运动一幕、珠琼运动二幕、南海运动和东沙运动。

1. 中生代末期—早渐新世断（裂）陷期

早、中始新世间（约54Ma或以前），南海海盆扩张与华南大陆边缘张裂作用（神狐运动）使南海向北断陷。断陷内部发育一组北东及北北东向正断层，部分基底也发育北西向断裂，整体表现为张扭性正断层。此时珠江口盆地北部断陷带开始形成，即形成了珠江口断陷裂谷盆地，在盆地中沉积了一套红色、杂色粗碎屑岩。由于地壳活动强烈并伴有较强烈的火山喷发，故堆积了厚度较大的火山岩和火山碎屑岩（古新统神狐组）。

早、中始新世之间（49～35Ma），珠琼运动一幕使盆地发生抬升与剥蚀，盆地从而形成彼此分离的南、北两个断陷带，断陷的深度和面积增大。随着盆地的进一步拉张，盆地扩大，使前期小型分割的盆地逐渐连通，在始新世早中期形成了如文昌、开平-白云、恩平、西江、陆丰等较大型的湖盆，沉积了最主要的生油岩——文昌组泥岩，为珠江口盆地新生代油气田的形

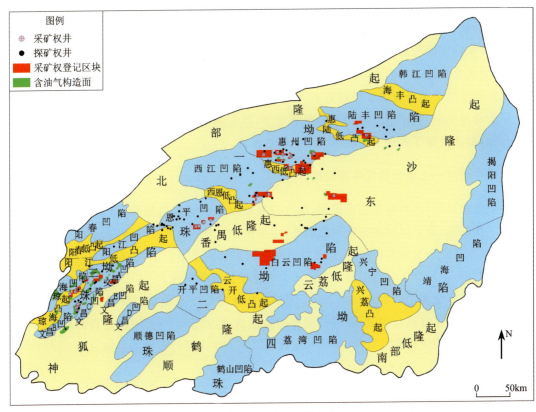

图 3-1 珠江口盆地构造单元及油气田分布图（据中海油资料整理）

成奠定了良好的物质基础。文昌组泥岩是一套厚度较大、横向分布相对稳定的以灰黑色泥岩为主的中深湖相地层。

晚始新世与早渐新世间(35~30Ma)，以延续时间最长、抬升剥蚀最强烈为特点，也是盆地裂陷阶段最主要的构造运动——珠琼运动二幕使盆地再次抬升剥蚀，并伴有断裂和岩浆活动。湖盆扩大，水体变浅，盆地南部和番禺低隆起间产生一组近东西向断裂，南部开始与海连通。在扩大的沉积盆地中，古珠江水系已具雏形，在惠州凹陷以西地区，大面积发育了河流-三角洲平原，沉积了一套下渐新统恩平组河流相砂岩与湖沼相砂泥岩互层并夹多层煤层的含煤碎屑岩系。在珠二坳陷的北侧番禺 16-1-1 井、番禺 33-1-1 井以南则可能发育三角洲前积层，其南侧为前三角洲的半封闭海环境。

2. 中晚渐新世—早中新世断坳期

南海运动发生在晚渐新世至早中新世(30~16.5Ma)，延续时间较长，也较为强烈，海水从南向北大规模入侵。盆地由裂陷、断坳向坳陷转化，开始进入热沉降阶段。沉积了珠海组和珠江组的三角洲-滨浅海相碎屑岩，在隆起的边缘和台地上形成了生物礁和碳酸盐岩。

古近纪中—晚期，由于南海第二次海底扩张，使珠江口盆地进一步受到拉张，盆地继续扩大，在中—上渐新统珠海组沉积时期，海侵由南向北扩大，古珠江带来的泥沙在河口地带遭受强烈破坏和改造，沉积了一套以灰黄色、灰色砂岩为主间夹灰色、灰绿色、棕红色泥岩的海陆过渡相地层，形成了该盆地上渐新统珠海组主要油气储层。

下中新统珠江组沉积时期，海侵继续向北发展，盆地大面积变为陆架环境，沉积了厚度大、横向分布稳定的浅海相泥岩，成为珠江口盆地良好的区域性盖层。而古珠江水系带来的泥沙，在盆地北部地区则形成三角洲沉积体系，虽然此三角洲范围已比前期大大缩小，但仍形成了该区重要的下中新统珠江组砂岩油气储层。

早中新世早期，由于东沙隆起下沉至海面下，导致倾末端及流花井区一带形成了广阔的浅水台地，故亦发育了大量下中新统珠江组生物礁滩。

3. 中中新世—上新世热沉降拗陷期

早中新世以后，南海海盆停止扩张，珠江口盆地发生向海方向倾斜，出现稳定下沉，海侵向北进一步加剧，除了局部的短期间断之外，全盆地主要为广海沉积环境，形成了一套以浅海相-半深海相泥岩为主的沉积物，为该区油气藏区封盖层。上新世末期，珠江口盆地发生了一次明显的海退，东沙群岛及以南地区发生了大幅度的抬升和剥蚀。

中中新世末至晚中新世末（16.5~5.5Ma），东沙运动使盆地在沉降过程中发生断块升降，隆起剥蚀，并伴有挤压褶皱、断裂和频繁的岩浆活动，产生了一系列以北西西向张扭性为主的断裂。它对圈闭构造的形成、油气的运移和聚集产生了极为重要的影响。

（二）新生界地层分布

珠江口盆地新生界共划分为8个地层单元，从老到新分别为神狐组、文昌组、恩平组、珠海组、珠江组、韩江组、粤海组、万山组，详见图3-2。

古新世至渐新世早期（神狐组、文昌组、恩平组）沉积时为裂谷湖泊充填期，是主要烃源岩发育期。渐新世晚期（珠海组沉积时）海水入侵，沉积了海湾相砂泥岩，形成上、下两套储盖组合，是坳陷内的主要储集层段。下中新统珠江组下部为退积的海湾相沉积，是凸起部位的主要储层；珠江组沉积晚期又一次海浸，成为开阔浅海，以泥质沉积为主，是区域性盖层。中中新世（韩江组沉积时）及其以后（粤海组、万山组沉积时）一直为开阔海域沉积。

神狐组：为裂陷早期充填沉积，在盆地东部，岩性主要为棕红色、灰白色块状砂岩及火山碎屑岩和熔岩，厚0~958.5m。在海丰及陆丰探井揭示的神狐组为一套火山岩沉积（包括熔岩、紫红色凝灰岩及火山碎屑岩），有时含较多砂岩和泥岩地层。另一类型为棕色、灰色砂岩夹棕褐色泥岩，顶部有厚层火山喷发岩，这是断陷早期火山活动较强烈的产物，其旋回性不明显。盆地西部神狐组岩性为浅灰白色、棕红色、棕灰色砂岩、粉砂岩与褐色泥岩、粉砂质泥岩不等厚互层，砂岩占比约为49%，顶部以35m浅湖相泥岩为主，总体属扇三角洲相，神狐组具有一定的生烃能力。

文昌组：为裂陷发育鼎盛期，在裂陷的较深部位普遍存在深水湖相沉积，以大套灰黑色泥岩为主夹少量灰色砂岩，部分地区上部夹煤层，代表湖相沉积，分布于分割的断陷盆地中。在珠一坳陷的恩平、西江、惠州、陆丰、韩江等凹陷及番禺27-2洼陷均有分布；在珠二坳陷的白云-开平凹陷的地震解释中也有分布，而且面积最大；在珠江口盆地西部珠三坳陷中仅在文昌

第三章 南海北部盆地油气资源

凹陷里出现。该组在珠一、珠二坳陷仅组成一个正旋回,而在珠三坳陷中则为两个正旋回。总体上文昌组为近海陆相断陷湖盆沉积,以深湖沉积为主的文昌组是盆地的主要生油层,也为盆地的主要烃源岩层。

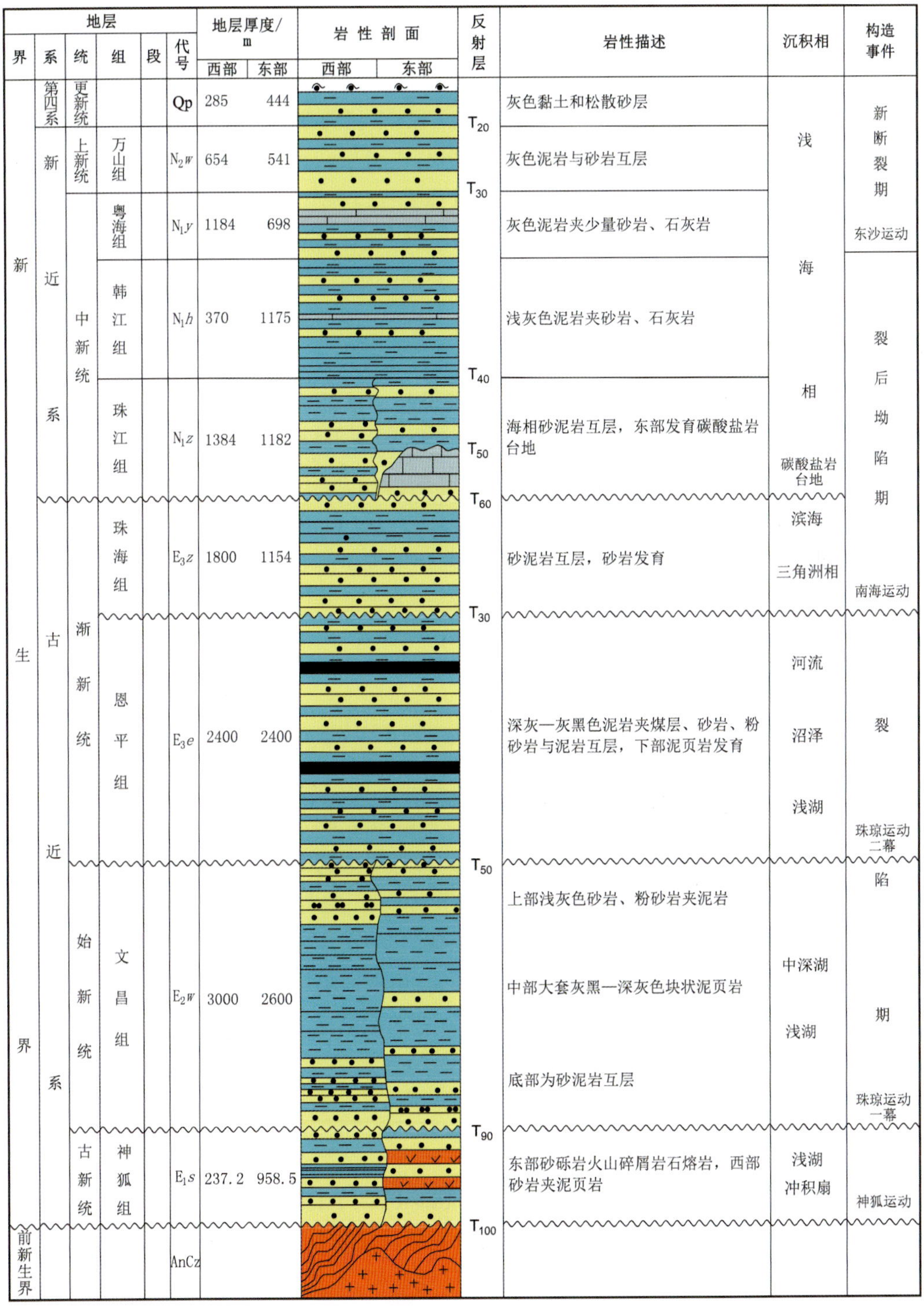

地层					地层厚度/m		岩性剖面		反射层	岩性描述	沉积相	构造事件
界	系	统	组	段	代号	西部	东部	西部	东部			
	第四系	更新统			Qp	285	444			T₂₀	灰色黏土和松散砂层	浅	新断裂期
		上新统	万山组		N₂w	654	541			T₃₀	灰色泥岩与砂岩互层		
新	新近系	中新统	粤海组		N₁y	1184	698				灰色泥岩夹少量砂岩、石灰岩	海	东沙运动
			韩江组		N₁h	370	1175			T₄₀	浅灰色泥岩夹砂岩、石灰岩	相	裂后坳陷期
生			珠江组		N₁z	1384	1182			T₅₀	海相砂泥岩互层,东部发育碳酸盐岩台地	碳酸盐岩台地	
			珠海组		E₃z	1800	1154			T₆₀	砂泥岩互层,砂岩发育	滨海三角洲相	南海运动
	古近系	渐新统	恩平组		E₃e	2400	2400			T₇₀	深灰—灰黑色泥岩夹煤层、砂岩、粉砂岩与泥岩互层,下部泥页岩发育	河流沼泽浅湖	裂陷期
界		始新统	文昌组		E₂w	3000	2600			T₈₀	上部浅灰色砂岩、粉砂岩夹泥岩 中部大套灰黑—深灰色块状泥页岩 底部为砂泥岩互层	中深湖 浅湖	珠琼运动二幕 珠琼运动一幕
		古新统	神狐组		E₁s	237.2	958.5			T₉₀	东部砂砾岩火山碎屑岩石熔岩,西部砂岩夹泥页岩	浅湖冲积扇	神狐运动
前新生界					AnCz					T₁₀₀			

图 3-2 珠江口盆地地层综合柱状图(据朱伟林,2010 修改)

恩平组：为裂陷湖盆萎缩阶段的产物，分布比文昌组广泛，有广泛分布的河流-沼泽相和浅湖相带，但厚度在各凹陷的变化较大，其中文昌凹陷、白云凹陷和恩平凹陷厚度最大。纵向由一个自河流至湖盆下粗上细的沉积旋回组成，岩性为一套深灰—灰黑色泥岩及砂岩互层间夹煤层，上部夹含砾砂岩，下部为红棕色砂岩夹泥岩，局部见煤线。以河流沼泽相和浅湖相沉积为主的恩平组是主要气源层。

珠海组：为一套由陆到海的过渡沉积。岩性以灰—灰白色砂岩间夹杂色泥岩为主，是一套三角洲及滨岸相沉积。珠江组自下而上可分 3 段：下段为半封闭滨海沉积，沉积时海水较浅，物源丰富，岩性较粗，为浅灰色细砂岩、泥质砂岩夹薄层灰质砂质泥岩；中段岩性为浅灰色细、粉砂岩与灰—深灰色泥、页岩不等厚互层，总体岩性以泥岩为主，岩性相对较细，具有一定的生油能力；上段为半封闭滨海沉积，砂岩百分比含量较珠海组下段低，顶部为广泛分布的泥岩。该组发育广泛，但厚度变化大，为 34.0～875.0m，其中恩平凹陷厚度最大。该组为珠江口盆地主要含油层系之一。

珠江组：为典型的海相沉积，厚度 212～1032m，分为两段。下段为滨海沉积，一般砂岩百分比含量大于 50%，是凹陷边部和凸起处的主要储层。上段为半封闭浅海沉积，一般砂岩百分比含量小于 50%。珠江组上段的底部有 30m 厚的泥岩，可作为区域盖层。

韩江组、粤海组、万山组：韩江组、粤海组为开阔海相，具有下粗上细的正旋回韵律，岩性为浅棕灰色粉砂岩与灰色泥岩、粉砂质泥岩互层，浅灰绿色泥岩局部夹砂层，见生物礁滩灰岩，有多层厚的泥岩，构成良好盖层，中中新世（韩江组沉积时）及其以后（粤海组、万山组沉积时）一直为开阔海域沉积，岩性以泥岩为主，浅—深灰色泥岩、粉砂质泥岩，局部夹砂岩、粉砂岩。

二、琼东南盆地

琼东南盆地位于南海西北部的南海与西沙群岛之间海域，东经 109°10′—113°38′，北纬 15°37′—19°00′，呈北东向分布，西以 1 号断裂与莺歌海盆地为界，北东以神狐隆起与珠三凹陷相邻，面积约为 8 万 km²。海水由西北向东南变深，陆架区水深变化较小，为 90～200m，陆坡向海槽方向水体急剧加深，从 200m 迅速加深到 2000m 左右，盆地以 300m 水深为界，划分琼东南浅水区和深水区。盆地平面上为"两坳一隆"的凹凸构造格局，即北部坳陷带、中部隆起区、中央坳陷带。其中北部坳陷带包括崖北凹陷、崖南凹陷、松西凹陷、松东凹陷；中部隆起区包括崖城凸起、陵水低凸起、松涛凸起；中央坳陷带包括乐东凹陷、陵水凹陷、松南宝岛凹陷、北礁凹陷、长昌凹陷等（图 3-3）。

（一）盆地演化阶段

琼东南盆地发育在南海北部大陆边缘的西北部，为太平洋构造域和特提斯构造域的构造转换带，是"古南海俯冲拖曳构造区"，与印澳-欧亚板块碰撞所产生的"挤出-逃逸构造区"，两大区域构造变形区的接合部。盆地的演化具有早期断陷、后期坳陷的特征。早期断陷存在多幕裂陷。

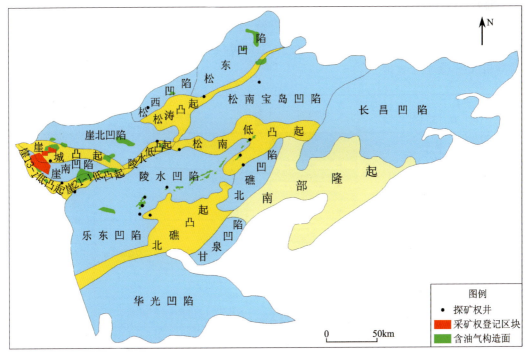

图 3-3 琼东南盆地构造单元及油气田分布图

晚白垩纪末—始新世初,琼东南盆地广泛形成了小型陆相地堑群,通常沿基底大断层展布,裂陷内充填晚白垩纪—古新世的红色地层;始新世—早渐新世,琼东南盆地受太平洋-欧亚板块相互作用产生的北西向拉张应力场及印澳-欧亚板块作用产生的近南北向拉张应力场的联合作用,此时盆地以裂陷为主,中始新世—晚始新世快速沉降,以湖相沉积为主,始新世末—早渐新世相对稳定沉降,浅水环境,含煤系地层;晚渐新世早期,琼东南盆地一定程度上继承了始新世—早渐新世的断陷格局,盆地处于裂陷期;晚渐新世晚期琼东南盆地构造活动逐渐减弱,盆地处于坳陷期,晚中新世以后,断裂活动较弱,盆地处于坳陷加速沉降阶段。从凹陷结构分析,盆地形成箕状半地堑、北断南超,具有陆相断陷湖盆的典型特征。

伴随着构造演化过程,琼东南盆地经历了陆相与海相的叠合沉积演变和中中新世末期浅水向深水沉积的转变,其间早期构造坡折与中中新世以来形成的陆架-陆坡体系先后控制盆地内沉积特征。其中,晚中新世以来高速热沉降作用形成的上中新统—全新统厚层泥岩具有普遍欠压实作用,浅水区崖南凹陷、深水区中央坳陷深部具有"超压"特征,且西部压力大于东部,并向南北两侧降低,至浅层恢复为正常压力,而低凸起区和南部隆起区是压力过渡带-常压区。此外,琼东南盆地深水区经历了多期海底扩张,岩石圈伸展变薄,软流圈热物质上涌,导致地温进一步升高,现今地温场总体特征表现为高地温梯度和高热流值,但西区地温梯度和热流值又明显高于东区,中部地温梯度和热流值最小。

(二)新生界地层分布

自古近纪以来,琼东南盆地先后经历了裂陷期、热沉降期、加速沉降期,又经历了湖相、海陆过渡相、浅海相和深海相等沉积环境,沉积了始新统、渐新统(崖城组、陵水组)、中新统(三亚组、梅山组、黄流组)、上新统(莺歌海组)和第四系(乐东组)(图 3-4)。古近系始新世、渐新世沉积的崖城组、陵水组及其以下地层主要为中、深、浅湖相地层和河流相地层,也是盆地主要的陆相烃源岩和储盖组合。新近纪中新世、上新世沉积的三亚组、梅山组、黄流组、莺歌海组为海相沉积,覆盖全盆地。

图 3-4　琼东南盆地地层综合柱状图(据朱伟林,2010 修改)

始新统：该地层埋藏较深，为断陷早期的产物，受早期断裂格架控制，地层呈多凹多凸的特点，凹与凸之间相互独立，具有多物源特征，隆起区物源均四处扩散。此时沉积面积较小，沉积中心多，岩性与岩相变化大，发育了多个断陷湖盆。

崖城组：该组属于断陷晚期的沉积，可分3段，在该沉积的早期仍有海陆过渡环境的存在，中、晚期已完全变为海相环境，为滨浅海相沉积。盆地西部呈北厚南薄的格架样式，具有多水系、多凸起、多凹陷的特点，隆凹格局仍较明显，沉积体系丰富，多物源现象仍然存在，物质从隆起区向多方扩散。

陵水组：地层仍呈北厚南薄之势，属于断陷晚期的产物。该组下部为海陆过渡相沉积，中上部以海相沉积为主（局部出现了半深海相）。因此，该组以滨岸碎屑沉积体系和半封闭浅海沉积体系为主体。物源多来自断陷周围，在断陷内形成较厚的扇三角洲沉积。

三亚组：该组为断坳或坳陷早期的产物，属于上构造层最底部的沉积，上、下两分，其底界为 T_{60} 界面。该组是浅海—深海沉积体系的产物（早期发育有滨岸碎屑沉积体系）。物源具有海相单方向的特征，多凸、多凹的古地理背景已经消失，但陆架坡折不甚明显，盆地性质可能与末端陡倾的缓坡类似，该期物源方向主要为北西向。

梅山组：底界为 T_{50}，顶界为 T_{40}，为浅海—半深海沉积体系，以深水沉积为主。该沉积时期物源方向明显变为北—北东向，同时在盆地中部偏南出现了横贯全区的海底峡谷。

黄流组：底界为 T_{40}，顶界为 T_{30}，为坳陷阶段的产物。崖北凹陷缺失，崖南凹陷有钻遇，主要为滨—浅海沉积体系的沉积物。黄流组沉积期真正属于被动大陆边缘盆地环境，陆架坡折容易识别，高频层序非常发育，在盆地中部偏南方向横贯全区的海底峡谷依然存在。

莺歌海组：该组以浅海—半深海沉积体系为主，物源主要为北西向，在盆地北部形成一套陆坡体系，南部隆起区则由于水体加深形成了半深海区。横贯全区的海底峡谷渐趋扩大，在南西方向分叉成两条路径伸入海中。

第四系乐东组：随着全球海平面的进一步下降，主要发育滨浅海相沉积。岩性以黏土为主，夹薄层砂岩、细砂岩，富含生物碎屑未成岩。

三、莺歌海盆地

莺歌海盆地位于我国海南省与越南之间的莺歌海海域，呈北西-南东向展布，总面积约9.87万 km²，为南海北部大陆架西区发育的新生代大型伸展-走滑型含油气盆地。盆地东北面通过1号断裂与北部湾盆地相接；东南方向通过1号断裂与琼东南盆地相联；东、西两侧分别为南海和印支半岛。在行政区域上，莺歌海盆地横跨中国、越南两国，我国目前勘探活动在东经107°以东、北纬17°—20°之间，即临高凸起及其以南的莺歌海坳陷中轴线以东海域，实际勘探面积3.9万 km²，大部分区域海水深度小于100m。

莺歌海盆地平面呈菱形，以1号断裂、红河断裂和莺西断裂为界划分为中央坳陷带、莺东斜坡带和莺西斜坡带共3个一级构造带。其中，中央坳陷自南向北由莺歌海凹陷、临高凸起、河内凹陷组成（图3-5）。中央坳陷为莺歌海盆地的主体，最大埋深约17 000m，莺歌海凹陷发育众多底辟构造,目前的勘探和发现主要集中于北部的东方区和南部的乐东区。

(一)盆地演化阶段

莺歌海盆地属于南海北部大陆边缘盆地,盆地的形成具有深刻的盆地动力学背景。研究表明,晚古新世末期印度板块开始与欧亚板块碰撞,到中始新世末期全面碰撞,陆-陆碰撞的结果导致了碰撞带的地壳增厚,同时一个显著的效应是位于欧亚板块南部的的印支半岛发生挤出逃逸效应。莺歌海盆地的构造演化以 T_{60} 时期为界可分为两大阶段:裂陷期与裂后期。T_{60}(23Ma)之前的地质历史时期为盆地发生左旋走滑裂陷阶段,古新世末期,由于印度板块与亚欧板块的碰撞,印支地块被构造应力挤出的同时相对华南地块做顺时针旋转,盆地开始裂开进入裂陷期并呈幕式沉降,主体裂陷体系

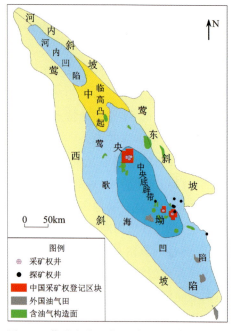

图 3-5 莺歌海盆地构造单元及油气田分布

盆地张开,半地堑应运而生;同时裂陷期以 T_{70} 为界又分为了以断陷为主的断陷期和以断坳为主的断坳期。T_{60} 后盆地进入裂后阶段,红河断裂左旋走滑的幅度逐渐减小,盆地构造活动以伸展运动为主,此阶段又分为热沉降期和加速沉降期,热沉降期盆地沉降速率很高,盆地南部沉降幅度可达到 900m/Ma,中新世末期盆地进入加速沉降期,盆地内部普遍发育泥底辟构造活动,这些泥底辟是由于早期快速沉降的梅山组和三亚组的欠压实泥岩受到地层高温影响向上拱起而形成。

(二)新生界地层分布

莺歌海盆地的沉积演化,总体上古近纪以断陷为主,新近纪至今以坳陷为主,中间以一破裂不整合面 T_{60} 为界,充填岩系主要为新生界。莺歌海盆地自古近纪以来,先后经历了裂陷期和裂后期两大构造阶段,经历了湖相、海陆过渡相、海相沉积环境。与琼东南盆地一样,莺歌海盆地先后沉积了始新统,渐新统(崖城组、陵水组),中新统(三亚组、梅山组、黄流组),上新统(莺歌海组)及第四系(乐东组),详见图 3-6。总体而言,莺歌海盆地充填从底部的冲积扇、河流、湖泊沉积向上过渡为滨浅海碎屑岩相直至半深海相沉积,显示了一个海进充填序列。

四、北部湾盆地

北部湾盆地位于南海北部大陆架西部,范围为东经 107°31′—111°44′,北纬 19°45′—21°03′,以北部湾海区为主体,部分涵盖了雷州半岛东部海区、雷州半岛南部和海南岛北部陆地,面积约 5.16 万 km²,其中海域面积约 4 万 km²。该盆地是一个以新生代沉积为主的断陷-

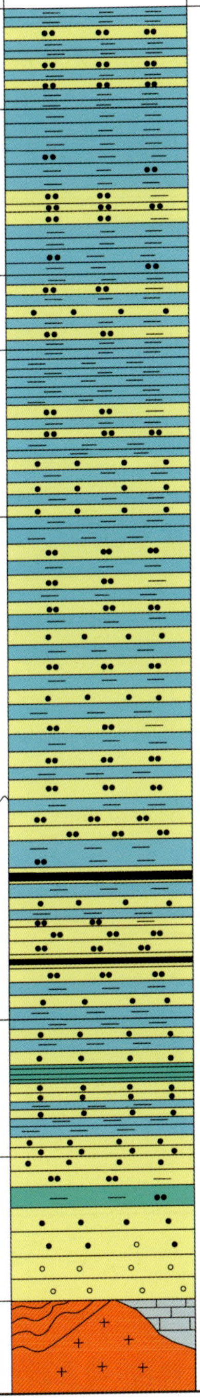

第三章 南海北部盆地油气资源

地层 界	系	统	组	段	代号	地层厚度/m	岩性剖面	反射层	岩性描述	沉积相	构造事件
新生界	第四系	更新统	乐东组		Qpl	140~1500		T20	以黏土为主，夹粉细砂岩	滨-浅海	新构造热事件
	新近系	上新统	莺歌海组		N₂y	207~2300		T30	块状泥岩夹粉砂岩，泥质粉砂岩	浅-半深海	
		中新统	黄流组		N₁h	44.5~800		T40	砂泥岩互层	滨-浅海 盆底扇	裂后期
			梅山组		N₁m	777~2300		T50	灰质粉砂岩与深灰色泥岩互层，夹细砂岩	滨-浅海 半深海 三角洲	
			三亚组		N₁s	234~3700		T60	上部为块状泥岩，中、下部为灰—深灰色泥岩与粉砂岩互层	滨-浅海 半深海	
	古近系	渐新统	陵水组		E₃l	980~3000?			粉砂质泥岩与泥质细砂岩互层，局部夹煤层	滨-浅海 三角洲	裂陷期
			崖城组		E₃y	2000?		T80	砂泥岩互层，夹页岩	河流 湖泊 沼泽 扇三角洲	
		始新统			E₂	2000?		T90	紫色、黑色砾岩、砂岩、粉砂岩、泥岩	湖相 冲积扇 扇三角洲	
前新生界					AnCz						

图 3-6 莺歌海盆地地层综合柱状图（据朱伟林，2010 修改）

凹陷叠合盆地。北部湾盆地范围内海底地貌较平坦，海水深 0~55m，北浅南深。

根据盆地控制的古近系陆相断陷沉积及剥蚀、基底大断裂发育展布特征以及超覆、剥蚀线的分布,可以将盆地分为 5 个一级的构造单元,即三坳(北部坳陷、中部坳陷和南部坳陷)二隆(企西隆起、徐闻隆起)。三坳可进一步划分出次一级的九凹(其中北部坳陷细划为涠西南凹陷、海中凹陷、乐民凹陷,中部坳陷进一步划分为乌石凹陷、迈陈凹陷、海头北凹陷、昌化凹陷,南部坳陷进一步划分为福山凹陷、雷东凹陷)一拱(流沙拱起,属中部坳陷)。北部湾盆地均为由主干正断层控制的箕状断陷,断裂构造发育,断裂多数为北东向和北东东向,少数为北西向、东西向,详见图 3-7。各凹陷基本数据见表 3-2。

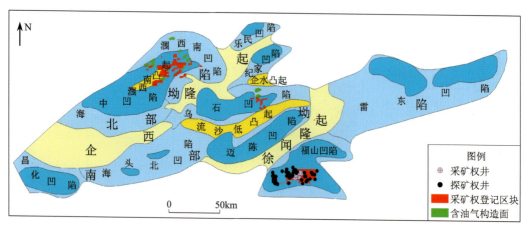

图 3-7 北部湾盆地构造单元图

表 3-2 北部湾盆地主要凹陷要素表

坳陷	凹陷名称	凹陷性质	凹陷面积/km²	残余厚度/m	
				古近系	新近系
北部	涠西南凹陷	半地堑	3454	8000	1200
	海中凹陷	半地堑	3694	8000	2200
中部	乌石凹陷	断陷	2710	7000	2200
	迈陈凹陷	断陷	2673	5500	1500
	海头北凹陷	断陷	3580	>3000	>1500
南部	雷东凹陷	半地堑	7695	4400	1500
	福山凹陷	断陷	2856	古近系和新近系厚>5000	

(一)盆地演化阶段

北部湾盆地的形成和发育主要经历了两大阶段,即古近纪的张裂和新近纪的裂后热沉降,纵向上以古近系顶面形成的区域角度不整合 T_{60} 为界,划分两大构造层。下构造层为裂陷结构,构造变形较强,断裂发育且切割明显,受伸展拆离及剪切应力的共同控制,发育多种构造样式;上构造层为坳陷结构,盆地内各凹陷相互连通形成一个统一盆地,整体发生热沉降接受沉积,总体为一个向盆地中心微斜的平缓向斜。

下构造层裂陷期主要划分为3个演化阶段,即裂陷初始阶段(65.5~55.8Ma)、裂陷扩张阶段(55.8~33.9Ma)、裂陷消亡阶段(33.9~23Ma):①裂陷初始阶段(65.5~55.8Ma):受到北西西向区域拉张应力的控制,北部湾盆地内北东向深大断裂开始活动并控制盆地的隆坳边界,沉积了分布局限且不均的晚白垩世末—古新世长流组;②裂陷扩张阶段(55.8~33.9Ma):始新世早期的珠琼运动Ⅰ幕改变了南部坳陷的沉降格局,北部湾盆地进入了以北东和北东东向断裂控盆为主的全面、强烈裂陷阶段,形成了大量的半地堑,沉积了厚套流沙港组,沉积范围扩大、地层增厚,沉降中心表现出不同程度的向东、向南扩大的规律。虽然裂陷作用较前期显著增强,但盆地的凹陷仍呈现出孤立、分割性强的展布特征;③裂陷消亡阶段(33.9~23Ma):始新世末—早渐新世发生的珠琼运动Ⅱ幕,是本区非常重要的构造运动。受到派生的右旋应力场影响,呈出明显的走滑效应,表现出左阶雁列状展布的近东西向断裂增多以及似花状构造的大量发育。流沙港组二段局部出现地壳缩短和堆叠增厚现象。

上构造层主要为坳陷阶段(23Ma至今):新近纪开始,除少数边界断裂外,盆地内绝大多数断裂包括控凹断裂均停止活动,盆地内各凹陷相互连通形成一个统一盆地,整体发生热沉降接受沉积,构造变形较弱。

(二)新生界地层分布

北部湾盆地是在前新生代基底上发育起来的新生代陆相断陷裂谷盆地,地层层序内沉积充填特征随着盆地构造特征及沉积背景的变化而变化。沉积充填特征在北部湾各个凹陷尽管有略微差别,但整体表现为古近纪经历了从湖盆的出现、发展至消亡的完整沉积旋回,新近纪全区接受海侵形成了海相沉积旋回,其沉积厚度变化具有从盆地边缘向盆地中心变厚的展布规律。古近纪为陆相断陷沉积时期,自下而上可划分为古新统长流组、始新统流沙港、渐新统涠洲组,钻孔钻遇古近系最厚4.7km;新近纪自下而上可划分为下中新统下洋组、中中新统角尾组、上中新统灯楼角组和上新统望楼港组,钻孔钻遇新近系最厚2.3km,详见图3-8。

长流组:岩性为棕红色、紫红色泥岩与棕红色砂岩、砂砾岩呈不等厚互层,通常含钙质。特征是"双红",即泥岩是红色,砂砾岩也是红色;质不纯,泥岩含砂重,砂砾岩也含泥质。主要依靠岩性的"双红"特征划分。出现"双红"的泥岩层的顶面为长流组的顶界。

流沙港组:流沙港组是北部湾盆地的主力生油岩,主要分布在凹陷内,在凸起上往往有缺失。该组分为3段:从上而下分别为流一段、流二段、流三段。

流一段的岩性为深灰色、褐灰色泥页岩夹浅灰色、灰白色砂岩、砂砾岩或者是互层。出现深灰色的泥岩,并且砂泥互层,表示进入流一段。该段地层在凸起部位往往缺失。

流二段以暗色泥页岩为主,砂岩很少,是该区主要生油岩系。深灰色、褐灰色泥岩、页岩,一般顶底为油页岩,中部有富含菱铁矿的泥页岩层。该段地层主要分布在凹陷内,在凸起上往往有缺失。

流三段的岩性为深灰色、灰色、褐灰色、灰黑色泥岩、页岩与灰色、浅灰色砂岩、含砾砂岩互层,底部常见暗紫红色、棕红色泥岩,但互层中的砂岩非红色。出现砂泥岩互层的砂岩层顶面为流三段顶界。该段地层主要分布在凹陷内,在凸起上往往有缺失。

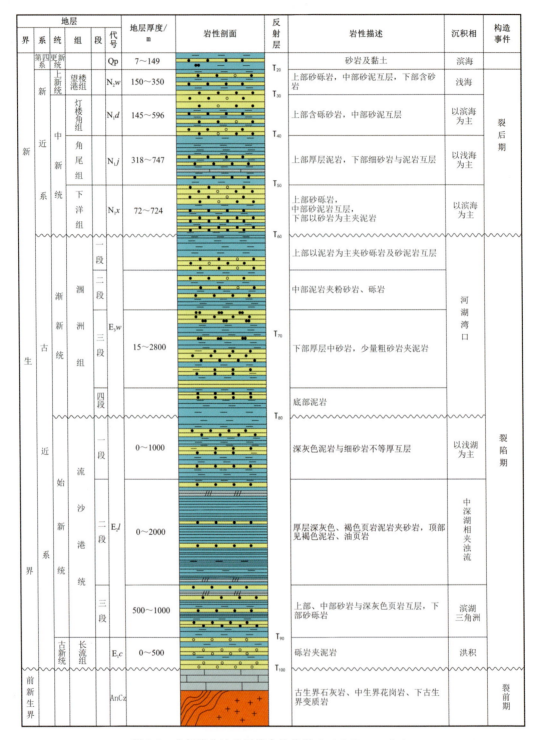

图 3-8 北部湾盆地地层综合柱状图(据朱伟林,2010 修改)

涠洲组:自下而上划分为 3 段,即涠三段、涠二段、涠一段。

涠一段地层岩性为杂色、棕红色泥岩与浅灰色、灰白色粉砂岩、细砂岩呈不等厚互层。由于涠洲组末期大幅度隆起抬升并遭受强烈剥蚀,故仅在盆地东中部钻遇,其岩性多为河流相杂色、棕红色泥岩与浅灰色粉砂岩、泥质粉砂岩互层沉积,且该段地层在盆地中一些凹陷周缘及凸起上均缺失上部或全部缺失。

涠二段地层岩性为杂色泥岩夹灰色粉砂岩和细砂岩及砂质泥岩。涠二段地层在各凹陷沉积中心往往发育厚层泥岩,但仅限于凹陷沉积中心区位置。

涠三段上部地层岩性为杂色、灰色泥岩与灰色泥质粉砂岩和细砂岩互层;涠三段中、下部地层岩性为杂色、灰色泥岩与浅灰色细砂岩、粗砂岩呈不等厚互层;涠三段底部岩性为灰色、浅棕红色泥岩与灰色、灰白色中、细砂岩不等厚互层。

本组分布范围比始新统流沙港组大,在凹陷较深地区,厚度很大,估计在凹陷深部,厚度更大,但在凸起上有不同程度剥蚀缺失。该段地层为涠西南凹陷东部重要的油气储层。

下洋组:岩性为灰色、绿灰色砂岩、砾质砂岩、砂砾岩夹灰色泥岩及砂质泥岩,有些区域在下部见一薄层碳酸盐岩层。整个盆地均有分布,但厚度变化较大。

角尾组:岩性为浅绿色灰色细砂岩、砂砾岩、砾岩与浅灰色泥岩互层沉积。本组分布广泛,在海中凹陷西南部和乌石凹陷中部发育较全,为浅海相沉积。

灯楼角组:岩性为灰黄色、灰色细砂岩、粗砂岩、砾砂岩与灰色、绿灰色泥岩互层为主。广泛分布于整个盆地凹陷和凸起之上,其沉积中心位于北部湾盆地中部。

望楼港组:上段以灰色砂岩、砾岩为主,中段以灰色砂岩与泥岩互层为主,下段主要为灰色泥岩。在盆地凹陷中及凸起上均有钻遇,该时期沉积中心位于北部湾盆地西部,为一套浅海相砂泥岩沉积。

第二节 南海北部陆缘盆地含油气系统及资源潜力

含油气系统即一个包含有效烃源岩和相关油气,以及油气运聚成藏所必需的一切地质要素和作用的天然含烃流体系统(Perrodon,1984)。它的本质及内涵是指含油气盆地中油气生成、运移及聚集过程的一个或多个相对封闭的动态含油气系统,由其油气成藏所必需的基本要素构成,也是烃源岩与含油气储盖组合和油气运移输导等诸多油气成藏条件之间的时空耦合配置及其相互作用(Demaison,1991;Magoon and Dow,1994)。

由于受区域构造沉积演化活动的影响,南海北部大陆边缘盆地新生代沉积一般具有沉降沉积中心由陆缘区向中央深海洋盆逐渐迁移的特点,沉积充填厚度由陆向海增厚且形成了多套不同储盖组合类型,加之与晚期新构造运动和烃源供给系统及含油气圈闭时空上相互耦合配置,最终决定和控制影响了不同类型盆地含油气系统特征及其油气运聚成藏与分布富集规律(王洪才,2013)。

一、珠江口盆地

珠江口盆地烃源岩主要形成于古近纪早期,即文昌组、恩平组、珠海组沉积时期内,储层主要分布在恩平组、珠海组以及珠江组,盖层主要是恩平组、珠海组顶部区域性泥岩以及珠江组以后沉积的区域性海相泥岩。

(一)烃源岩特征

目前,珠江口盆地已钻遇的烃源岩主要有文昌组滨浅湖-深湖相泥岩、恩平组滨浅湖-河沼相泥岩和珠海组三角洲-海相泥岩等类型。文昌组烃源岩埋深较大,绝大部分已处入高—过成熟期,均已进入生烃高峰期;恩平组烃源岩绝大部分已处于成熟—高成熟期,尚未完全进入生烃高峰期;珠海组埋深最浅,主体处于未成熟阶段。

文昌组烃源岩:以浅灰色、褐灰色、褐色、灰绿色滨浅—深湖相泥岩为主,是盆地最重要的优质烃源岩,分布范围广。珠一坳陷文昌组烃源岩有机碳平均含量为2.06%,氢指数HI平均值达到471mg/g;珠二坳陷文昌组烃源岩有机碳平均含量为1.16%,氢指数HI平均值达到432.4mg/g;珠三坳陷文昌组烃源岩有机碳平均含量为2.84%,氢指数HI平均值达545.39mg/g。其中,珠一坳陷、珠三坳陷半深湖—深湖相烃源岩类型为Ⅰ-Ⅱ$_1$型,以半深湖-深湖相的Ⅱ$_1$型生油型为主,是好—特好的烃源岩,珠二坳陷文昌组烃源岩达到中等—好级别,属于生油型烃源岩。

恩平组烃源岩:以灰色、灰褐色、灰黑色泥岩为主,夹杂少量煤层。发育三角洲、滨—浅湖相及河沼相沉积为主,以陆源高等植物贡献为主。珠一坳陷恩平组烃源岩有机碳平均含量为1.91%,氢指数HI平均值达到741mg/g;珠二坳陷恩平组烃源岩有机碳平均含量为1.69%,氢指数HI平均值达到57mg/g;珠三坳陷恩平组烃源岩有机碳平均含量为1.37%,氢指数HI平均值达到139.42mg/g。恩平组烃源岩以Ⅱ$_2$-Ⅲ型为主,少数Ⅱ$_1$和Ⅲ型,其中珠一坳陷、珠三坳陷恩平组烃源岩达到中等—好的级别,以生轻质油和天然气为主;珠二坳陷恩平组煤系烃源岩达到中等的级别,属于油气兼生型、以气为主型烃源岩。

珠海组烃源岩以灰色泥岩为主,发育三角洲、滨—浅湖相沉积,以陆源有机质贡献为主,主要分布在珠二坳陷。有机碳平均含量为0.99%,氢指数HI平均值达到126.6mg/g;珠海烃源岩以Ⅱ$_2$和Ⅲ型为主,珠海组海相泥岩烃源岩达到中等的级别,属于油气兼生、以气为主型烃源岩。

(二)储盖组合

珠江口盆地的沉积和层序演化导致盆地内多个层段发育了多种类型的储集体和区域盖层,主要发育两大类五小类储盖组合,详见图3-9。

第一大类是以相对湖平面变化带来的湖泛泥岩为盖层的陆相组合。根据储集体,它又可细分为两小类:①始新统文昌组深水湖底扇及其滑塌形成的浊积岩,以及浅水三角洲、滨浅湖

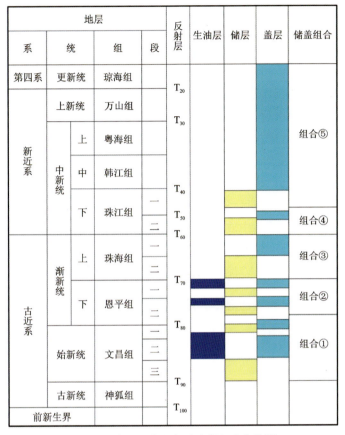

图 3-9　珠江口盆地主要成藏组合柱状图

相砂岩储层及其储盖组合,储层物性及盖层封堵条件受埋深、沉积相及成岩作用影响,非均质性较强,泥岩盖层条件好。②恩平组大型的浅水辫状河三角洲、河流相及滨浅湖相砂岩储层及其储盖组合,泥岩盖层条件较差。

第二大类是以厚层的海相泥岩为区域盖层的海相组合,受相对海平面变化控制。根据储集体它也可进一步细分为 3 小类:①渐新统珠海组浅海三角洲砂岩和砂坪、潮道砂等潮坪沉积砂岩储层及其储盖组合,是珠江口盆地主要油气储集层之一;②下中新统珠江组海相三角洲砂体、碳酸盐台地礁滩储层和重力流砂体及其储盖组合,三角洲砂体主要分布于盆地北部的陆架浅水区(珠一坳陷、珠三坳陷),碳酸盐台地礁滩储层主要发育于东沙隆起,重力流砂体(包括斜坡扇、盆底扇和海底峡谷浊积水道)主要发育于盆地南部的珠二坳陷。珠江口盆地目前主要油气田多符合该套储盖组合;③中中新统及上新统陆架海相三角洲砂岩储层及其储盖组合,储层主要发育于盆地北部的珠一坳陷和珠三坳陷,是浅层油气藏分布所在地,而在盆地南部的深水区则不甚发育,以粉砂岩为主。

(三)主要成藏模式

珠江口盆地油气藏的分布受多因素共同控制。烃源岩与二级构造带的耦合关系是决定是否含油的关键因素,油气多富集于烃源岩供烃范围内、油气优势运移路径上的二级构造带上,主要分布在 5 套储盖组合中,每个储盖组合都包含一个或多个相对独立的油气藏,这与不同构造带的烃源条件、断裂体系、砂岩渗透层等油气疏导体系的发育特征和区域盖层的封盖作用密切相关。全区发育 3 套区域盖层,封闭了珠江口盆地东部绝大多数的油气藏。大中型油气藏的形成与分布受六大地质要素控制。烃源岩为油气成藏提供物质基础,并控制着油气的来源,文昌组和恩平组 2 套优质烃源岩均已进入排烃阶段,为油气成藏提供充足的物质来源。优质的储盖组合为油气储集提供了有利的条件,三角洲前缘、平原相带砂体为油气储集提供空间,3 套区域性盖层覆盖于储层之上,抑制油气的进一步向上逸散,为油气聚集起到屏障保护作用。油气藏多位于三角洲前缘且上覆区域盖层较厚的地区。古隆起、断裂带、低界面势能区都是流体势的低势指向区,油气通过断裂的垂向疏导后,最终在二级构造带高部位具有相对高孔渗储层的有利圈闭中成藏。在六大地质要素控制下,油气成藏的模式可总结为 3 种类型:垂向断层疏导+源区内浅部低压区复式成藏、长距离侧向运移+源区外背斜/构造隆起成藏、垂向运聚+次生构造-岩性成藏模式。

1. 垂向断层疏导+源区内浅部低压区复式成藏

圈闭位于生烃洼陷内部,烃源灶排出的油气主要依靠沟通源、储的断裂进行垂向运移,并在断裂附近低压区有利圈闭聚集成藏。该成藏模式中的断层圈闭可能是断鼻圈闭,也可能是逆牵引背斜圈闭,见图 3-10。

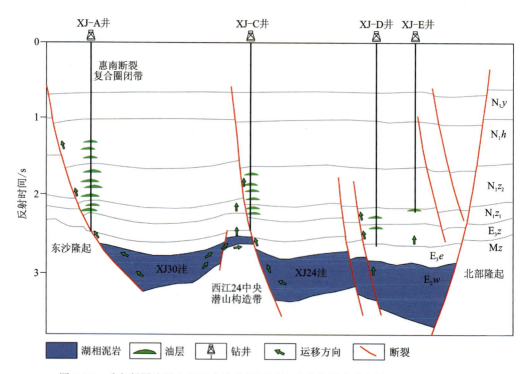

图 3-10 垂向断层疏导+源区内浅部低压区复式成藏模式示意图(据施和生等,2015)

这类油藏在珠海组二段、三段以发育断块、背斜构造油藏或气藏为主,新近系珠江组以发育(断)背斜油藏为主。油气输导体系为主干断裂派生所形成的多期近东西走向的沟源断裂,它们将油气向浅部珠海组、珠江组两套储盖组合运聚。盆地中各控凹断裂带是这类复式油气藏的有利发育区。

2. 长距离侧向运移＋源区外背斜/构造隆起成藏

圈闭位于生烃洼陷外,油气先沿烃源岩上倾方向或油源断裂垂向运移,遇到横向连通性好的砂体发生侧向运移,而后沿不整合面向珠海组—珠江组渗透性地层砂体运移,以侧接疏导方式,由洼陷向隆起逐级爬升运移至圈闭成藏。圈闭类型受基底隆起控制形成披覆背斜,或是基底隆起与断裂共同控制形成翘倾半背斜圈闭。该模式中烃源岩及砂体的倾向是油气运聚成藏的关键,详见图3-11。

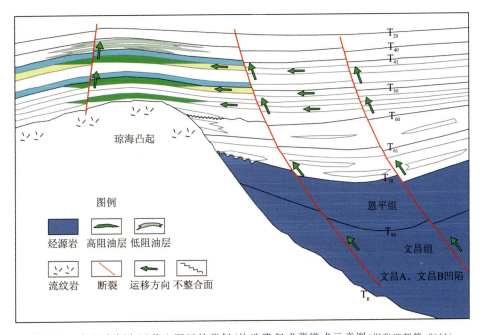

图3-11　长距离侧向运移＋源区外背斜/构造隆起成藏模式示意图(据张迎朝等,2011)

该成藏模式中珠江组二段、一段下部(T_{41}—T_{50})海相层系以发育背斜构造型油藏为主,油气输导体系为凹陷斜坡带正向油源断层和珠江组二段潮坪砂岩及一段下部临滨砂岩,封盖层则分别为T_{50}之上区域稳定分布的"龟背"泥岩层和T_{41}之上的浅海泥岩层。该类油藏多位于靠近生烃凹陷的凸起区,油气来源充足,储盖组合发育齐全,有利于油气大规模成藏,是低幅度背斜油气成藏富集带。

典型代表为文昌13-1油田、文昌13-2油田,发育珠江组二段和珠江组一段多个背斜构造油藏,纵向上油藏叠置好,珠江组海相砂岩储集性能和渗流能力均好。基岩起伏控制着新近系珠江组储盖组合及油藏多寡。琼海凸起珠江组地层发育较齐全,具有多套储盖组合和多个背斜构造油藏;而神狐隆起主要发育珠江组一段储盖组合和一个主力油藏。

3. 垂向运聚+次生构造-岩性成藏

上部低阻油藏发育在凸起、隆起新近系披覆构造背景上,低阻油藏的下部往往是储集性能较好的高阻(断)背斜油藏。该成藏模式中,从凹陷至凸起或隆起的油气输导体系"长距离侧向运移、源区外背斜/构造隆起成藏"模式中的相同。后期断裂切穿早期高孔渗、高电阻油藏,使其与上方的滨外沙坝砂岩储层连通,油气在势差作用下垂向运移至浅部,且在滨外沙坝砂岩储层之上的厚度大、质量好的海侵泥岩封盖下富集,形成具一定孔渗条件储层的低阻油藏。典型代表为琼海凸起文昌 13-2 油田珠江组一段上部低阻油藏,油气储层为浅埋藏(埋深约 1100m)泥质粉砂岩,具有一定的储集性能和渗流能力,储层分布受控于其下部的珠江组一段低幅构造背景,储层在油田范围内分布稳定,在更大范围内横向分布不连续。

这类油藏是下部珠江组一段、二段油藏在中中新世沿断裂发生垂向运移调整的结果,属后期油气调整再分布所形成的次生油气藏。盆地中,琼海凸起、神狐隆起等在南海、东沙构造运动所形成断裂的发育区是低阻油藏勘探潜力区。

(四)典型油气藏

EP24-2 油田位于恩平凹陷南部隆起断裂构造带中部,紧邻 EP17 富生烃洼陷,为一反向断层控制的北西南东向翘倾半背斜。该油田成藏模式为典型的"长距离侧向运移、源区外背斜/构造隆起成藏"。EP17 洼烃源岩进入大规模排烃期后,油气通过基底不整合面和文昌组内部砂体联合输导,侧向运移到南部斜坡断裂构造带上,然后通过控圈断层垂向运移到新近系珠江组和韩江组储层中(图 3-12)。

储层为韩江组下段和珠江组,整体储层物性较好,为一套优质储层。盖层主要为 5 套海

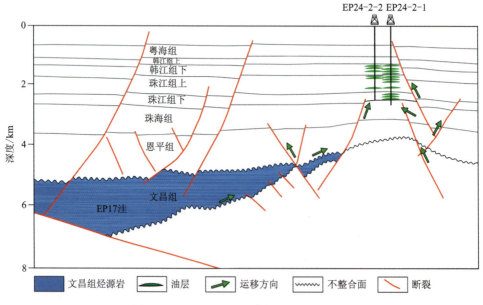

图 3-12 EP24-2 油田成藏模式(据吴娟,2013)

泛泥岩,加上多套局部分布的泥岩作为局部和地区盖层。EP24-2-1 井从珠江组、韩江组下段钻达的层段均有丰富的油气显示,说明油气在后期保存是存在一定问题的。在成藏后期,控圈断层对油气主要起到垂向输导作用,导致油气沿断层向上部逸散,在圈闭的层段再聚集及保存。控圈断层在韩江组的油层形成后,应该就逐渐停止了运动,对油气起到封堵和保存作用。因此,对于该构造来说,控圈断层早期可以作为油气的运移通道,后期则主要起到封堵油气的作用。

该构造于 2010 年钻探了预探井 EP24-2-1,经过地震、钻井、测井、岩心等资料的综合落实,确定了 35 个油层,地质储量达到 3 456.23 万 m^3。

(五)资源潜力

2015 年 4 月,国土资源部油气资源战略研究中心组织中海油湛江分公司、中海油深圳分公司、中海油研究总院、中石油勘探开发研究院、中石化勘探开发研究院无锡石油地质研究所 5 家单位实施了"全国油气资源动态评价",选用成因法、统计法、类比法、体积法 4 类 7 种评价方法进行油气资源量计算。中海油湛江分公司对琼东南盆地、莺歌海盆地、北部湾盆地、中海油深圳分公司对珠江口盆地主要采用了盆地模拟法,并辅以油田规模序列法、圈闭法和类比法综合评价了油气资源量,使用的软件都是主流评价软件 PetroMod。

根据《全国油气资源动态评价(2015)》,珠江口盆地油气地质资源量为石油 74.32 亿 t、天然气约 3.00 万亿 m^3,可采资源量为石油 29.63 亿 t,天然气约 1.73 万亿 m^3(表 3-3)。

表 3-3 珠江口盆地油气地质资源量表

一级构造单元	石油地质资源量/亿 t		天然气地质资源量/亿 m^3	
	地质	可采	地质	可采
珠一坳陷	32.65	16.14	1168	809
珠二坳陷	4.62	1.52	14 747	9880
珠三坳陷	9.28	3.74	2939	1535
珠四坳陷	4.64	1.53	2646	1773
神狐隆起	1.11	0.45	40	21
番禺低隆起	2.75	0.68	962	635
东沙隆起	8.41	2.00	4672	748
顺鹤隆起	7.52	2.48	0	0
云荔低隆起	3.34	1.10	2783	1865
合计	74.32	29.63	29 957	17 264

珠一坳陷的惠州凹陷、陆丰凹陷、西江凹陷、东沙隆起和顺鹤隆起的石油地质资源量累计 41.20 亿 t,占总资源量的 55%;天然气资源量主要分布在珠二坳陷的白云凹陷、东沙隆起、云荔低凸起,珠三坳陷的文昌 A 凹,珠四坳陷的云开低凸起,地质资源量累计 2.53 万亿 m^3,占

总资源量的85%。

纵向上,95%石油资源和85%的天然气资源均分布在新生界。其中,石油资源分布以浅海为主(占69%),浅—中深层之间的资源量占总资源量的91%;天然气资源分布以深海为主(占75%),中深层的资源量占总资源量的49%。

二、琼东南盆地

(一)琼东南盆地浅水区成藏条件

1. 烃源岩条件

琼东南盆地主要发育3套烃源岩,即始新统湖相烃源岩、渐新统煤系烃源岩以及中新统海相烃源岩。现有地震资料分析,琼东南盆地始新统地层也具有较平行、连续低频、强反射的结构特征,这与珠江口盆地和北部湾盆地始新统地震反射特征相似。从有机地球化学的角度来分析,北部湾盆地始新统流沙港组和珠江口盆地文昌组钻探证实为优质生油岩。盆地北部坳陷莺9井渐新统陵水组和ST24-1-1井三亚组钻获的原油高蜡低硫且检测较丰富的C_{30}-4甲基甾烷,其生物标志物分布与北部湾盆地和珠江口盆地来源于始新统的原油分布颇为相似。

渐新统煤系烃源岩是琼东南盆地一套已被证实的主力烃源岩,渐新世早期(崖城期)为琼东南盆地海相沉积初始期,出现大面积沼泽环境,陆源有机质丰富,煤系烃源岩发育,崖城组已被证实为该盆地的主力气源层。崖城组发育海陆过渡相至半封闭海相灰色泥岩,分布面积、厚度均较大。此外,在该套地层中还发育有较厚的煤系地层,具有较强的生烃能力,崖南凹陷已找到以煤型气为主的崖13-1气田。崖城组烃源岩有机质丰度高,属好—很好烃源岩(有机碳含量大于20%),生烃能力强,崖城组烃源岩现今均已成熟大量生烃,其中北部坳陷带主要以生油为主,崖南凹陷以及中央坳陷带主要以生气为主。

上渐新统—晚中新统的沉积环境为浅海—半深海—深海,海相地层展布规模较大,三亚组、梅山组中发育有浅灰色至灰色泥岩,但其有机质丰度普遍不高,部分相带内也发育有一定的有机质含量较高的泥岩,并且生烃潜力也较强,在合适的温度和压力条件下也能成为较好的烃源岩。目前已证实该盆地西南部乐东凹陷崖城35-1构造圈闭上中新统黄流组钻遇的气层,其气源主要来自该套烃源岩。

琼东南盆地资源评价结果认为,琼东南盆地浅水区天然气地质资源量1.1万亿m^3。其中待探明地质资源量超过1万亿m^3。

2. 储盖组合

琼东南盆地浅水区主要经历了裂陷期(始新统、崖城组、陵水组)、热沉降期(三亚组、梅山组、黄流组)、加速沉降期(莺歌海组至今)3个演化阶段。根据沉积特征分析,琼东南盆地主要发育5套储盖组合(图3-13)。

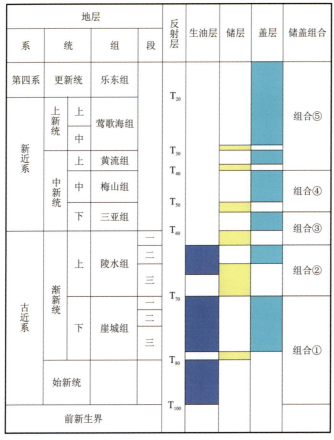

图 3-13 琼东南盆地主要成藏组合柱状图

（1）下渐新统崖城组储盖组合①：崖三段储/崖二段盖（未揭示）。古近系以崖城组三段扇三角洲为储层，以崖城组一、二段半封闭浅海泥岩为盖层，主要分布在北部坳陷带、崖城凸起周缘和松涛凸起周缘。陵水组三段扇三角洲与陵水组二段浅海泥岩盖层组合，是琼东南盆地最重要的勘探目的层。

（2）上渐新统陵水组储盖组合②：陵三段储/陵二段盖（已揭示，"黄金组合"）。陵水组三段滨海砂岩储层与陵水组二段浅海泥岩盖层组合，是琼东南盆地最为重要的勘探目的层，如崖城 13-1 大气田。

（3）上渐新统陵水组和下中新统三亚组储盖组合③：陵一段储/三亚组二段盖（已揭示）。

（4）三亚—梅山组合又称上组合或"钻石组合"④，以三亚一段（局部梅山组下段）为主要储层、梅山组及上覆地层为盖层，如崖城 13-4 气田，松涛 24-1 区、宝岛 13 区含气构造，该套组合还包括三亚二段这套潜在的组合。

（5）莺歌海、黄流组内部储盖组合⑤：在崖城-乐东区、陵水区和松涛区均有分布，储集层为黄流组和莺歌海组深海平原环境的中央峡谷浊积水道砂，盖层为莺歌海组的深海相泥岩。

从平面分布看，这几套成藏组合在盆地东区和西区都有分布，从盖层性质分析，莺歌海—黄流组是盆地的区域性盖层，而梅山组在盆地的大部分区域表现为良好盖层。

3. 油气通道纵横交织，输导条件优越

断裂垂向疏导体系和砂岩侧向疏导体系是琼东南盆地浅水区成藏的重要油气运移通道。北部坳陷带断裂系统发育，发育的大型断裂有盆地北边的五号断裂，以及中部隆起区的2号断裂、6号断裂。浅水区主要的断裂带是2号断裂，是盆地晚期整体最为活跃的断裂，但是断裂在古近纪和新近纪晚期活动的主要断层不同。古近纪断层活动主要是控凹断裂，这些控凹断裂在中新统早中期热沉降和差异沉降作用下继续被动活动。断裂活动产生的次生断裂在纵向上构成了油气运移的主要通道。同时，北部坳陷带在古近系发育三角洲、滨-浅海相砂岩等砂体沉积，这些砂体在横向上也构成了油气侧向运移的通道。到了中新世晚期控凹断层基本无活动现象，断裂垂向运移通道运移效率不高。由于上覆厚层泥岩的压力以及大量生烃产生的压力，在崖南凹陷以及中央坳陷带产生强超压作用发生破裂形成超压破裂油气运移区带，超压裂隙成为更高效的油气运移通道。陵水凹陷北部梅山组开始出现强超压，深部地层破裂，2号断裂带附近裂隙带非常发育，超压裂隙加上断裂晚期活动，形成高效的断裂+超压运移系统，成藏效率较高。但是往上进入黄流组上部地层——莺歌海地层，沉降速率加大，较大的水深环境造成大套泥岩发育，断裂后期活动逐步减弱至基本停止。

4. 圈闭类型多样，广泛分布

琼东南盆地已发现各层系圈闭超过100多个，这些圈闭的形成主要与拉张断裂活动、岩性变化、地层超覆等有密切关系。圈闭类型多样，主要有：

（1）背斜圈闭，包括凸起上的披覆背斜和大断层下降盘的滚动背斜，在崖城、崖13-1、松涛、崖南等凸起上皆有披覆背斜，2号和5号断裂下降盘有滚动背斜。其中最典型的背斜圈闭为崖城13-1构造。

（2）断鼻和断块圈闭，该类型圈闭是盆地分布最多的圈闭，特别是在北部坳陷带2号断裂和五号断裂周缘，其形成与盆地的断裂活动密切相关。沿凸起一侧或两侧大断裂，分布有数量可观的断鼻和断块圈闭，该类型的圈闭主要分布在古近系。

（3）地层岩性圈闭，包括凸起周缘断超带，还有凹陷中的浊积砂体、水下扇、低位扇等岩性圈闭，这类型的圈闭在盆地也广泛分布，但主要分布在盆地的莺歌海—三亚组，其典型的圈闭为陵水13-2构造和崖城13-4构造。

（4）古潜山圈闭，前新生界不整合面以下的古生代变质岩，燕山期花岗岩等，呈垒块状或单面山状，周围被新生界烃源岩包围。崖城、松涛、崖南等凸起有大量的古潜山圈闭。

5. 主要成藏模式及典型气藏

基于现有资料，综合分析盆地的油气聚集规律，具有以下几个特征。①烃源条件是控制油气富集的根本因素，富生烃凹陷或富生烃中心控制油气的聚集，如崖城13-1及围区。优质的烃源是形成规模型油气聚集的基础。②运移、通疏导条件是控制油气成藏的关键因素，超压凹陷内压力低势区，压力低势层的方向有利于油气聚集。在各钻探失利的构造中，由于运移、通道条件的缺乏而导致钻探失利的构造占50%以上，可见优势运移通道条件是琼东南盆地成藏的关键因素。③构造背景和圈闭条件是控制油气富集的重要因素,油气能否成藏首先取决于是否可发育可供油气存储的圈闭,圈闭发育程度、类型及规模决定了油气富集程度。崖13-1构造油气能够富集,主要是由于它位于崖南凹陷的西斜坡上且发育大规模的储集体,这一带的构造背景不仅控制了区域油气运移方向,而且形成了以构造为主控的复式圈闭带和油气聚集带。④琼东南油气大多为晚期成藏(如晚中新世至今),晚期构造活动的强弱控制着油气的富集程度:如宝岛13-3构造,正是由于晚期断层的活动,凹陷中的油气通过垂向和侧向运移,才得以在三亚组、梅山组浅层聚集成藏。

崖城13-1气田的成藏模式为低凸起带上构造+地层复合成藏(图3-14),其特点为:

(1)烃源来自邻近的崖南凹陷内崖城组海岸平原相的煤系烃源岩,该烃源岩在崖南凹陷已大量生烃、排烃,且崖城13-1构造位于油气运移的主要方向。

(2)储盖组合条件好,发育大型三角洲或滨海砂体,上覆为梅山组高钙泥岩沉积,梅山组盖层为区域盖层,且质量较好。

(3)疏导体系发育,以同向断裂+砂体组成的复合油气疏导体系,油气具有垂向和侧向运移两种方式。

(4)成藏晚期,从生烃动力学和成藏模拟分析,崖城组烃源岩直到上新世以后才进入大量的生排烃阶段,生排烃较晚,有利于天然气的保存。

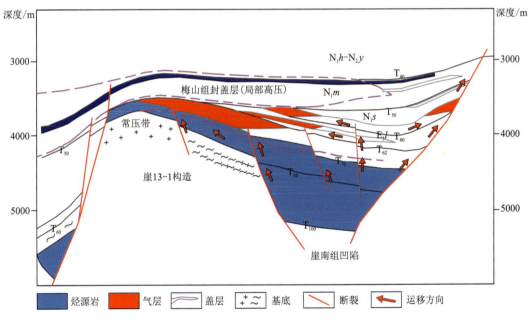

图3-14 崖城13-1气田成藏模式图(据李绪宣和朱光辉,2011)

(二)琼东南盆地深水区成藏条件

1. 发育多套烃源岩

琼东南盆地发育3套烃源岩,即始新统湖相烃源岩、渐新统气源岩及中新统海相气源岩。

始新世是湖泊发育的鼎盛时期,藻类生物繁盛,有机质丰富,湖相烃源岩发育,尽管目前尚未钻遇揭示,但在南海北部浅水区已经钻遇,将本区深部地震反射特征与相邻盆地对比分析可以看出,琼东南盆地深部应该发育始新统湖相烃源岩。近年来,深水区始新统源岩经油源分析间接得到证实。如前所述,北礁凹陷 YL19-1-1 井三亚组原油的饱和烃色谱+单体碳同位素分析特征与文昌 19-1 原油十分类似,而与崖 13-1 原油特征不同,反映该井三亚组原油主体来自始新统湖相烃源岩。

渐新世早期(崖城期)为琼东南盆地海相沉积初始期,出现大面积沼泽环境,陆源有机质丰富,煤系烃源岩发育,崖城组已被证实为该盆地的主力气源层。崖城组发育海陆过渡相至半封闭海相灰色泥岩,分布面积、厚度均较大。此外,在该套地层中还发育有较厚的煤系地层,具有较强的生烃能力,崖南凹陷已找到以煤型气为主的崖 13-1 气田。近几年的勘探实践表明,在琼东南盆地深水区已钻遇崖城组烃源岩,证实深水区崖城组发育良好的浅海泥岩烃源岩(泥岩有机碳平均含量大于 1%)和煤系烃源岩(煤层有机碳含量可达 15%～20%),并且经气—源岩地化指标对比得到证实。从气—源对比来看,LS22-1-1 黄流组气层段 MDT 样品中 C1 组分含量达到 90% 以上,为品质较高的成熟天然气,成因与崖 13-1 气田类似,均为高成熟腐殖型煤型气,源自崖城组海陆过渡相煤系烃源岩。从陵水北坡陵水 13-2 气田以及中央峡谷领域已发现的陵水 25-1、陵水 17-2 等气田的气源分析来看,气源也主要来自陵水凹陷深部崖城组。从盆地模拟来看,现今深水主体区(中央坳陷带)处于大规模供气阶段,整体有利于找气,东区埋深相对较浅利于找油找气。

上渐新统—晚中新统的沉积环境为浅海—半深海—深海,海相地层展布规模较大,三亚组、梅山组中发育有浅灰色至灰色泥岩,但其有机质丰度普遍不高,部分相带内也发育有机质含量较高的泥岩,并且生烃潜力较强,在合适的温度和压力条件下也能成为较好的烃源岩。目前已证实该盆地西南部乐东凹陷崖城 35-1 构造圈闭上中新统黄流组钻遇的气层,其气源主要来自该套烃源岩。

琼东南盆地资源评价结果认为,琼东南盆地深水区天然气地质资源量 38.4 万亿 m^3。其中待探明地质资源量 37.4 万亿 m^3,主要分布在乐东-陵水、长昌、松南-宝岛等凹陷及松南低凸起。

3. 储盖组合多样

深水区储层类型主要为浊积水道砂岩、海底扇、扇三角洲相砂岩、生物礁(灰岩)等,其中中央峡谷水道砂岩和大型海底扇砂岩是深水区的优质储层(图 3-15)。这些储层与上覆泥岩在纵向上发育几套区域储盖组合,包括前古近系古潜山与上覆泥岩组合,始新统扇三角洲与上覆泥岩储盖组合,崖城组三角洲储盖组合,陵水组滨海沙坝、海底扇与上覆泥岩储盖组合,三亚组海底扇与上覆泥岩储盖组合,梅山组海底扇、生物礁储层与上覆泥岩储盖组合,黄流组—莺歌海组水道砂岩、低位扇砂岩与上覆泥岩储盖组合。

从深水区沉积特征来看,深水区西部主要为新近系中央峡谷浊积砂体、海底扇与上覆的海相泥岩的储盖组合(陵水 17-2 等);深水区东部三亚组—陵水组储层相对有利,为三亚组—陵水组大型海底扇体、三角洲砂岩与上覆浅海相泥岩的储盖组合。

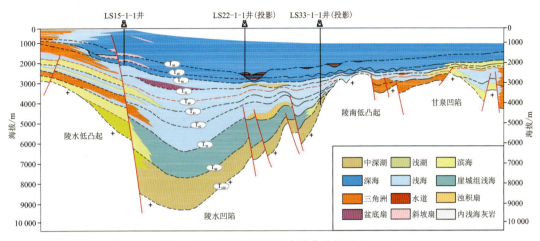

图 3-15 琼东南盆地深水区储盖组合综合分析图(据王振峰,2015)

目前,除始新统以外,其他几套储盖组合都有井钻遇,表明深水区具有多套勘探层系组合(图 3-16)。

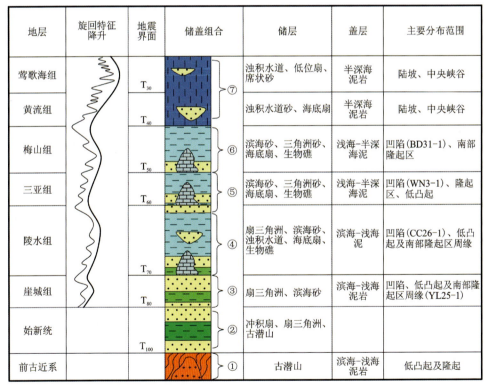

图 3-16 琼东南盆地深水区沉积相剖面示意图(据王振峰,2015)

3. 构造圈闭大量发育,广泛分布

琼东南盆地深水区是南海西部深水区重点勘探领域,琼东南盆地深水区中央峡谷水道探

明天然气 1.8 千亿 m³，三级储量 2.4 千亿 m³，主要位于中央峡谷水道体系及中新统海底扇体系。琼东南深水区重点目标按成藏条件分类，划分为以下重点区带：乐东凹陷新近系海底扇圈闭带、陵南斜坡带、陵水凹陷近凹带梅山组海底扇圈闭带、松南-宝岛凹陷陆坡区近凹海底扇圈闭带、宝南断阶带、松南低凸起构造带、长昌环A洼圈闭带、长南鼻状构造带等。

4. 油气通道纵横交织，输导条件优越

琼东南盆地深水区油气运移通道发育。在深水区西部，古近系主要是以断层、构造脊以及不整合面作为运移通道，新近系以流体底辟和微裂隙垂向沟源，再通过砂体侧向输导；深水区东部近洼区主要以断裂沟通古、新近系目的层，低凸起区和隆起区则以断裂、构造脊、输导砂体（陵水组和三亚组海砂体）和不整合面联合组成油气运移输导网络。深水区处于相对低势—正常压力带，且南坡地层产状比较缓，因此整体利于油气运移。钻探和研究表明，底辟及断裂沟源的近源区有利油气运移。

5. 成藏组合丰富，成藏样式多

深水区的主要存在 2 种成藏模式与 6 套成藏组合。2 种成藏模式分别是近源垂向成藏模式（中央峡谷领域已证实）和他源侧向＋垂向成藏模式，松南低凸起和宝南断阶带均是他源侧向＋垂向成藏模式。6 种成藏组合是莺歌海组海底扇成藏组合、黄流组浊积水道砂成藏组合、三亚组—陵水组生物礁、陵水组—三亚组海底扇、崖城组扇三角洲、前古近系潜山成藏组合，其中莺歌海组海底扇成藏组合和黄流组浊积水道砂成藏组合已有钻井证实，其余 4 种新成藏组合有待进一步勘探证实。

从分布来看，深水西区的有利成藏组合主要分布新近系中上部（梅山组—黄流组—莺歌海组）、东区分布在古近系—新近系下部（陵水组—三亚组）、中区则古近系—新近系均发育成藏组合。这些成藏组合在面上形成多个有利勘探领域，其中中央峡谷陵水 25 区主要有梅山组、黄流组、莺歌海组成藏组合，长昌环A洼圈闭带发育陵水组—三亚组海底扇成藏组合，松南低凸起包含前古近系潜山、崖城组扇三角洲、陵水组—三亚组生物礁成藏组合，宝南断阶带主要发育陵水组—三亚组海底扇组合。长昌环A洼圈闭带为近源垂向成藏模式，发育大型—特大型海底扇成藏组合，是深水大中型油气田勘探的重点方向。

6. 预测纵向多油气层叠置，横向多油气藏连片

深水区储盖组合和成藏层系多，具有"纵向叠置，横向连片"的特点。深水区西部，中央峡谷乐东—陵水段发育梅山组、黄流组和莺歌海组构造及砂岩岩性圈闭，这些圈闭纵向叠置且横向上连片分布，钻探已表明中央峡谷乐东—陵水段梅山组、黄流组和莺歌海组均可成藏；深水区东部，宝岛—长昌凹陷陵水组三段、一段、三亚组二段、一段多期海底扇发育，断块圈闭、岩性圈闭上下叠置，横向分布面积广，宝岛北部斜坡区已在三亚、陵水组钻获油气。因此深水区可能形成纵向多油气层叠置、横向多油气藏连片的态势。但中央峡谷、长昌环A洼圈闭带、宝南断阶带、长南鼻状构造带等深水区有利勘探区带，因构造、沉积演化差异及成藏配置组合不同，具有不同的油气成藏条件。

7. 主要成藏模式及典型气藏

深水区主要勘探发现来自深水西区中央峡谷领域,中央峡谷水道领域已发现陵水 17-2、陵水 25-1、陵水 18-2 等气田,天然气合计 2.0 千亿 m³ 以上。乐东-陵水凹陷中央峡谷莺黄组(莺歌海—黄流组)轴向水道的成藏模式可以概括为:莺歌海组和黄流组发育大规模、多层系的水道砂储层、差异沉降和强超压在水道下部形成大范围的裂隙带,加上早期断裂和中央底辟,构成了沟通下部气源的高效油气输导体系,油气运移以底辟+微裂隙垂向运移为主,梅山组、黄流组、莺歌海组二段均发育连片厚层砂体,可作为油气侧向输导层,易在凹陷斜坡带聚集成藏。

乐东-陵水凹陷莺歌海组之后快速沉积厚层深海相泥岩,梅山组下伏地层存在异常高压,有利于油气垂向驱动运移成藏。崖城组海相泥岩—海陆过渡相煤系地层烃源岩在上新世达到生气高峰并与圈闭形成期匹配良好,莺黄组水道为厚层深海相泥岩包裹,油气源源不断被圈闭捕获成藏。总之,莺黄组水道具有古生新储、纵向运移、重力流储集、半深海-深海泥岩封盖、晚期高效成藏的特征,综合成藏条件非常有利。中央峡谷乐东—陵水段天然气成藏具有"多期次水道砂叠合、超压充注、多层复式聚集、圈闭控藏"的规律。峡谷充填早期、晚期幕式发育的限制性水道控制了黄流组纵向上Ⅱ—Ⅳ多套砂体分布和圈闭形成(图 3-17)。其中,陵水 17-2 气田是深水区中央峡谷领域典型气藏,它位于南海北部大陆架西区的琼东南盆地陵水凹陷中央峡谷内,探明天然气地质资源量 1.0 千亿 m³,凝析油 900 万 m³。

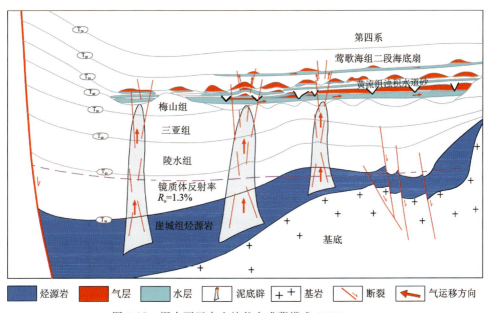

图 3-17　深水西区中央峡谷内成藏模式(据姚哲,2015)

(三)资源潜力

琼东南盆地分别采用盆地模拟法、油田规模序列法、圈闭法和类比法综合评价了油气资源量,得出其地质资源量为石油 14.89 亿 t、天然气约 5.00 万亿 m³,可采资源量为石油 6.00 亿 t、天然气约 3.2 万亿 m³(表 3-4)。石油资源主要分布在华光凹陷、北部坳陷的崖北凹陷和松东凹陷,中部隆起的松涛凸起;天然气资源主要分布在华光凹陷,中央坳陷的乐东-陵水凹陷、长昌凹陷、松南低凸起和松南-宝岛凹陷,累计探明资源量 3.65 万亿 m³,占总资源量的 71%。

表 3-4 琼东南盆地油气地质资源量表

一级构造单元	石油地质资源量/亿 t		天然气地质资源量/亿 m³	
	地质	可采	地质	可采
北部坳陷	7.17	2.89	2208	1411
中部隆起	0.45	0.18	2554	1632
中央坳陷	0	0	31 361	20 039
南部隆起	0	0	5033	3216
华光凹陷	7.27	2.93	8590	5489
合计	14.89	6.00	49 747	31 788

纵向上,新生界地质资源为石油 14.89 亿 t、天然气 5.04 万亿 m³,占总量的 98% 以上。其中,石油资源浅海占 51%,深海占 49%,中深层的资源量占总量的 67%;天然气资源分布以深海为主(占 74%),中深层—深层的资源量占总量的 74%。

三、莺歌海盆地

(一)烃源岩特征

根据莺歌海盆地已发现天然气的成因类型及油气源对比追踪,初步认为莺歌海盆地存在始新统、渐新统及中新统 3 套烃源层。这些烃源层的发育与展布取决于盆地的构造和沉积演化,不同演化阶段形成的凹陷或坳陷,其内发育的烃源层年代和特征有较大的差异。

(1)始新统湖相烃源岩在越南境内 Song Ho 露头和河内坳陷中都已钻遇,TOC 含量 6.42%,S_2 含量 30~49mg/g,生烃潜力良好。但我国尚未钻遇这套烃源岩,因而在中央坳陷的分布和意义尚不清楚。

(2)渐新统烃源岩主要为滨岸平原沼泽相沉积、滨海相和浅海相沉积,局部可能存在半封闭的滨、浅海相沉积,钻井揭示有机质丰度高,总 TOC 含量 0.64%~3.46%,有机质类型为 Ⅱ 型和 Ⅲ 型,生烃潜力较高,为好烃源岩。在中央坳陷的埋深普遍超过万米,有机质热演化已进入过成熟阶段,目前普遍认为这套烃源岩的勘探意义不大。

(3)中新统烃源岩主要为浅海及半深海沉积,钻遇中新统的探井大多数位于盆地边缘或斜坡带,故有机质丰度总体不高,TOC 含量为 0.4%~0.5%,值得注意的是,位于中央坳陷区的 LD30-1-1A 井和 LD22-1-7 井揭露的莺黄组下部及梅山组—三亚组地层有机质丰度明显增高,TOC 含量在 0.4%～4.51%之间。其中,LD30-1-1A 井钻遇的梅山组泥岩 TOC 含量达 0.40%～2.97%;LD22-1-7 井上中新统黄流组泥岩壁心 TOC 含量为 1.88%～3.03%,中新统梅山组泥岩壁心 TOC 含量为 1.52%～2.4%。有机质类型为Ⅱ型和Ⅲ型,生烃潜力较高,为莺歌海盆地的主要气源岩。

莺歌海盆地地温梯度高,达 3.5～4.25℃/100m,高地温、高热流加速了天然气的生成,使得盆地主要烃源岩层——中新统梅山—三亚组气源岩产气率较高,于深度 2900m 进入了生烃门限,于深度 4900m 开始进入生气高峰。

(二)储盖组合

莺歌海盆地北、东、西三面临近物源,各种储集体岩体也比较发育,自上而下大致可分成 7 套。

(1)前新生界基岩潜山风化壳储层。HK30-1-1A 井推测于基底钻遇风化壳,邻区 YING9 井已证实其孔隙度 6%～15%。推测海口-昌江潜山带和岭头潜山带发育这套储层。

(2)陵三段扇三角洲、滨海相砂岩储层。崖城 13-1 气田已证实这套储层,平均孔隙度为 14%,物性优良。莺歌海盆地只在临高凸起和莺东斜坡带钻遇,但储层物性相对较差。

(3)三亚组滨海、三角洲砂岩储层。T_{60} 莺歌海盆地的破裂不整合面,也是一次大的海退面,此后缓慢海侵,储层分布广泛,LG201-1-1 井、LT34-1-1 井证实了这套储层。

(4)梅山组滨海、三角洲相砂岩储层。DF1-1-11 井、LG20-1-1 井、LT35-1-1 井等均钻遇证实。

(5)三亚组、梅山组碳酸盐岩及生物礁储层。YING6 井、LT35-1-1 井钻遇此类储层,孔隙度约为 20%,1 号断裂断层上升盘发育这套储层。

(6)黄流组滨海、三角洲、低位海底扇储层。在盆地中部表现为低位三角洲、低位海底扇、水下浅滩为储层的底辟和盆地扇构造,这套储层是目前盆地非常重要的储层,该储层是东方 1-1 气田中深层,东方 13-1 气田、东方 13-2 气田的主要储层。

(7)莺歌海组和乐东组的低位扇、侵蚀谷、水道浊积、浅滩、滨岸砂、海侵及高位风暴砂、浅海席状砂等储层。该储层是东方 1-1 气田,乐东 15-1、乐东 22-1 等莺歌海浅层气田的主力产层,在盆地中心及南部发育。

莺歌海盆地的盖层主要为浅海-半深海相泥岩,新近系沉积演化特征研究表明自下而上发育 2 套较广的盖层。

(1)三亚组中上部和梅山组沉积时,盆地中心沉积有一定范围的浅海相泥岩,盆地边缘由于粗碎屑沉积物供应多,泥岩分布受到限制且厚度薄,为准区域性良好盖层。

(2)莺歌海组—乐东组陆架、陆坡泥岩厚度大,在盆地内横向分布稳定,特别是莺歌海组二段,钻井显示这套泥岩含量在 80%以上,是一套很好的区域盖层。

综合以上,自始新世以来,莺歌海盆地经历多次海侵海退过程,归纳形成了浅、中、深层共 3 套主要的储盖组合(图 3-18)。

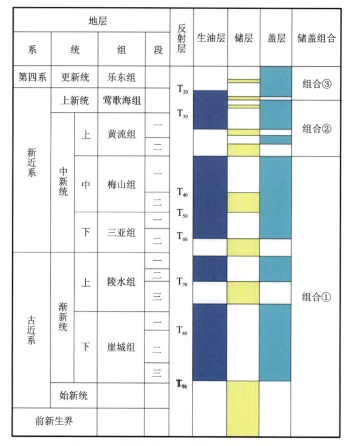

图 3-18 莺歌海盆地主要成藏组合示意图

(1)浅层组合③：由第四系莺歌海组一段滨浅海-半深海相泥岩盖层和第四系乐东组、莺歌海组一、二段陆架—陆坡泥质粉砂岩与极细砂岩储层组成。

(2)中深层组合②：由莺歌海组二段半深海-浅海相泥岩盖层与黄流组、梅山组、三亚组滨浅海相和三角洲相及海底扇相砂岩、粉砂岩储层组成。

(3)深层组合①：由梅山组、三亚组浅海-半深海泥岩盖层与陵水组和崖城组的湖相砂岩以及前新生界基岩潜山风化壳储层组成。

(三)圈闭与油气运聚成藏特征

截至 2016 年底,莺歌海盆地共钻探目标 46 个,其圈闭类型以构造圈闭和岩性圈闭为主,发现气田 7 个,含气构造 17 个。其中中央底辟带 7 个气田和 11 个含气构造均是在底辟构造或底辟周缘形成的圈闭,目前认为莺歌海盆地底辟活动造就多种类型圈闭及垂向高效输导体系。

莺歌海盆地中央底辟带沉积了浅海相环境下的海底扇、浊积水道、沙坝等砂体,这些砂体多被浅海相泥岩包裹,呈孤立状、席状或叠合连片产出,与底辟这种类穿隆构造耦合,在底辟顶部和翼部分别形成了背斜圈闭群(包括背斜、断鼻、断块、岩性等)、岩性圈闭群(包括岩性、构造-岩性、断块等类型圈闭）。底辟翼部为单斜构造背景，发育于翼部的砂体一般以岩性圈闭的形式出现，底辟活动过程中其翼部还时常产生一批微小断裂，这些微小断裂有可能会切割早先形成的岩性圈闭，从而演变成构造-岩性圈闭、断块圈闭和岩性圈闭3种类型，但底辟翼部仍以岩性圈闭为主（如东方13-1、东方13-2等气田），其他类型圈闭较少。对于底辟顶部的浅层，由于垂向上拱作用或超压释放后的塌陷作用，那些早先发育的背斜圈闭被放射状或环状断裂复杂化，形成以背斜圈闭为主，断块圈闭、断鼻圈闭和岩性圈闭为辅的背斜圈闭群（如东方1-1、乐东22-1和乐东15-1等气田）。

  底辟核心区辟构造核心区密集的束状输导体系，由一系列微小断裂组成，断裂近乎直立、断距小，在高温高压环境下易开启成为高效输导通道。这些断裂向下已断至梅山组—三亚组烃源岩，向上断入黄流组一段大型海底扇储集砂体，并结束于上覆大套泥岩内，为深部梅山组—三亚组烃源岩生成的天然气向上运移提供了高效输导通道，而深部地层的异常高压则提供了天然气向上运移的主要动力。东方1-1底辟核心断裂垂向直接将天然气从深层输送至浅层成藏；在远离东方1-1底辟的翼部或非底辟区也见到众多的微断裂束，这些微断裂形成于上新世早中期，在成因上无疑是东方区大型底辟活动的产物，对沟通深部烃源向东方13-1、东方13-2等砂体中运移提供了良好的垂向运移通道，聚集成藏（图3-19）。

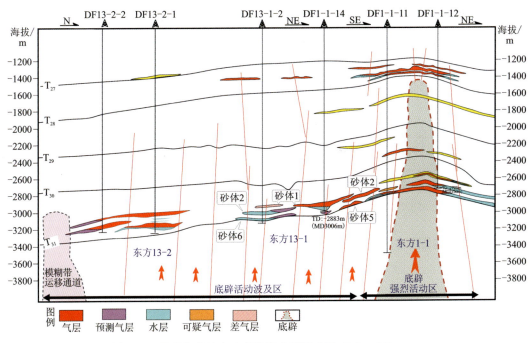

图3-19 莺歌海盆地中央底辟带成藏模式图（据谢玉洪等，2015）

（四）典型油气藏

  东方1-1气田位于南海北部莺歌海海域，是我国海上最大的自营天然气田，地理位置上气田位于海南省东方市莺歌海镇正西方约100km处，距东方市市区约113km。东方1-1构造于 1990—1991 年间经地震勘探评价落实,1991 年底至 1992 年初在构造上钻探预探井 DF1-1-1 井,该井在新近系上新统莺歌海组和中新统黄流组发现莺歌海组和黄流组 2 套气层,从而发现了气田。之后历经多口井钻探评价,目前东方 1-1 气田探明储量约 1100 亿 m^3,三级储量约 2400 亿 m^3,于 2003 年投产。

东方 1-1 气田位于莺歌海盆地底辟构造带西北区一个由底辟上拱侵入上覆地层所形成的短轴穹隆背斜上,圈闭也表现为简单短轴背斜构造,气田气体纯烃组分仅略高于 50%,非烃组分含量较高(CO_2 含量超过 30%,N_2 含量近 20%)。气田以中新统海相泥岩为主要烃源岩,气层分布于浅层莺歌海组和中深层黄流组,浅层为常温常压气藏,中深层异常高温高压气藏。气田天然气藏形成较晚,可大致分两期:第一期发生在底辟前,形成烃类型气藏;第二期发生在底辟阶段,形成 CO_2 型气藏,CO_2 型气的成因,已有研究表明主要属无机成因,来源于深部(如三亚组底部或三叠系)含钙地层受热分解(图 3-20)。

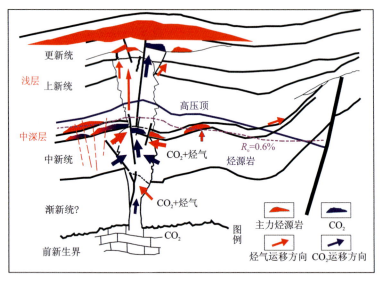

图 3-20　东方 1-1 气田成藏模式图(据黄保家,2007)

(五)资源潜力

莺歌海盆地分别采用盆地模拟法、油田规模序列法、圈闭法和类比法,综合评价莺歌海盆地天然气地质资源量为 4.42 万亿 m^3,可采资源量为 2.72 万亿 m^3(表 3-5),其中 95% 分布在中央坳陷莺歌海凹陷。纵向上,新生界天然气地质资源为 4.32 万亿 m^3,占总量的 98% 以上,全部分布在浅海区,中深层—深层的资源量占总量的 64%。

表 3-5　莺歌海盆地天然气地质资源量表

一级构造单元	天然气地质资源量/亿 m^3	
	地质	可采
中央坳陷	43 222	26 625
莺东斜坡	987	608
合计	44 209	277 233

四、北部湾盆地

(一)烃源岩特征

随着北部湾盆地构造特征及沉积背景的变化,北部湾盆地层序内沉积充填特征也在随之演化。沉积充填特征在北部湾盆地各个凹陷尽管略有不同,但整体表现为古近纪经历了从湖盆的出现、发展至消亡的完整沉积旋回,新近纪全区接受海侵形成了海相沉积旋回。主要发育3套烃源层系:涠洲组、流沙港组(表3-6)和长流组。

表3-6 北部湾盆地烃源岩有机质丰度统计表

凹陷	层位	TOC/%	(S_1+S_2)/(mg·g^{-1})	Ih/(mg·TOC^{-1})	A/10^{-6}	HC/10^{-6}
涠西南凹陷	涠洲组	0.57	1.22	128.56	216	142.1
	流一段	1.50	4.83	233.08	1590	936.4
	流二段	2.33	9.78	356.59	2200	1 299.6
	流三段	1.99	6.84	256.25	259	1 744.9
乌石凹陷	涠洲组	1.28	1.76	132.46	515	291.9
	流一段	1.51	2.90	146.91	1123	342.8
	流二段	1.45	4.05	235.31	1203	618.5
	流三段	1.58	8.20	394.66	1027	557.2
海中凹陷	涠洲组	1.71	2.93	136.97	771	443.1
	流一段	0.45	0.37	46.68	101	67.9
	流二段	0.52	0.96	144.90	768	1 952.4
	流三段	0.67	1.10	125.47	854	242.2
迈陈凹陷	涠洲组	0.35	0.26	42.99	158	177.2
	流二段	1.44	5.80	338.41	1696	842.4
	流三段	0.23	0.12	41.31	109	41.4

注:"Ih"为热解氢指数,"A"为氯仿沥青。

涠洲组:处于湖盆消亡阶段,沉积基准面持续下降,以滨浅湖沉积、三角洲砂体充填为特征,物源供应充足,盆地东部及西部辫状河三角洲分别从两侧向湖盆中央大面积推进,仅在沉降中心部位有浅湖-中深湖相发育。厚度为300~1700m,最大达3400m,虽然平均暗色泥岩含量比例较低,但含煤层的河沼、湖沼、滨浅湖相的泥岩含量具有较高的比例,如涠16-1-1井涠洲组暗色泥岩百分比为48.7%。乌石凹陷和海中凹陷涠洲组有机质含量比较高,但颗粒较粗,TOC含量分别为1.28%和1.71%,生烃潜力分别为1.76mg/g和2.93mg/g,总体表现为较好烃源岩的特征。涠西南凹陷的涠洲组有机质含量总体偏低,产烃能力低,属差烃源岩,仅在B洼涠一、二段存在有机质含量相对较高的烃源岩。迈陈凹陷涠洲组有机质含量更低,属非—差烃源,产烃能力差。涠洲组干酪根类型为Ⅱ-Ⅲ型,是潜在气源岩。

流沙港组由3个层序组成,经历了湖盆扩张、全盛和萎缩3个最重要阶段。其中流三段时湖盆处于湖盆扩张阶段,湖盆面积小,以陆上冲积扇、广泛发育的滨浅湖、扇三角洲沉积充填为主要特征,岩性总体自下而上泥岩由红色变灰色,砂岩由粗变细,反映湖盆水体的逐渐加深。流二段湖盆发育达到湖盆全盛阶段,沉积一套巨厚的半深湖-深湖相暗色泥岩。流一段湖盆处于萎缩阶段,沉积浅水三角洲-滨浅湖相砂泥岩互层,由于物源体系多源,其岩性、岩相横向变化较大。

湖盆全盛阶段的流二段是盆地中最重要的烃源岩。流二段沉积在乌石凹陷最发育,最大厚度2600m,大于500m的分布面积大于1000km²。钻井资料统计,该凹陷流二段泥岩比例多在75%以上。涠西南凹陷流二段有机质含量最高,TOC平均值达2.33%,生烃潜力(S_1+S_2)平均值9.78mg/g,有机质类型为Ⅰ-Ⅱ$_1$型,达好—最好级别,具有很强的产烃能力。乌石和迈陈凹陷有机质含量相当,TOC平均值分别达1.45%和1.44%,生烃潜力平均值分别为4.05mg/g和5.8mg/g,有机质类型为Ⅱ$_1$-Ⅱ$_2$型,以生油为主,各种指标都达到了好烃源岩的标准,具较强的产烃能力。海中凹陷的流二段,有机质含量偏低,生烃能力偏弱。

长流组:湖盆主要处于初始沉积阶段,沉积区范围小,四周物源供给充分,以山间盆地的近源冲积相或冲积平原相褐红色、混杂粗碎屑沉积为主。

(二)储盖组合

北部湾盆地构造演化及沉积充填历程形成了多套有利储盖组合,这些有利储盖组合与烃源岩所形成的空间匹配关系,共同控制并形成了北部湾盆地内6套成藏组合,分别是:①以石炭系岩溶灰岩为储层,长流组、流沙港组,甚至新近系泥岩为盖层的储盖组合;②以流三段扇三角洲、滨浅湖滩坝砂岩为储层,流三段上部或流二段泥岩为盖层的储盖组合;③以流二段滨浅湖滩坝、三角洲砂岩为储层,流二段泥岩为盖层的储盖组合;④以流一段中下部(扇)三角洲砂岩为储层,流一段上部泥岩为盖层的储盖组合;⑤以涠三段滨浅湖沙坝、浅滩、辫状河三角洲分流河道砂岩为储层,涠三段或涠二段泥岩为盖层的储盖组合;⑥以角尾组或下洋组上部滨浅海沿岸沙坝、浅滩砂岩为储层,角尾组泥岩为盖层的储盖组合。北部湾盆地内6套储盖组合中均已发现油气藏(图3-21),其中有新生古储式(组合①、②)、上生下储式(组合②)、自生自储式(组合②、③、④)、下生上储式(组合⑤、⑥)多种成藏模式。

(1)新生古储成藏模式。始新统流沙港组中深湖相烃源岩生成的油沿着断层或不整合面运移到石炭系潜山石灰岩中,其不整合面以上的古新统长流组泥岩作为封盖层。典型实例以涠11-1油藏的湾4井油气储盖组合类型为代表。

(2)自生自储成藏模式。始新统流沙港组二段深灰色、褐灰色泥岩及页岩生油,直接向下运移到流沙港组三段砂岩中,而流沙港组二段泥页岩既是生油岩也是良好封盖层。若在流二段有较好的砂岩,也可形成油藏。这种生储盖组合类型,在涠西南凹陷西部及乌石凹陷是最重要的成藏组合,这些地区许多井中均可见到,如湾1井、湾2井和湾4井及涠10-3构造各

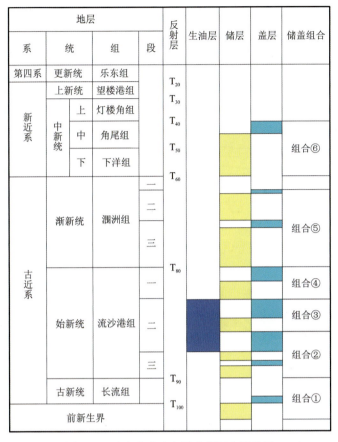

图 3-21 琼东南盆地主要成藏组合示意图

井,乌 16-1 构造上的乌 16-1-1 井、乌 16-1-3 井等。

(3)下生上储成藏模式。深部始新统流沙港组中深湖相烃源岩生成的油气,向上运移到上覆渐新统涠洲组砂岩中,其相邻的涠洲组泥岩作为盖层,典型实例见于涠西南凹陷东部涠 12-1 油田探井中。另外,在涠 11-4 构造上,流沙港组生成的油气,亦可沿着不整合面较长距离运移到新近系中中新统角尾组砂岩中,并由相邻的角尾组泥岩作为盖层。

(4)上生下储成藏模式。流沙港组烃源岩生成的油气运移到构造高部位的长流组储层中聚集成藏,这种升储组合类型主要分布于涠西南凹陷 1 号断裂和 2 号断裂上升盘。

(三)主要成藏模式

1."纵向多层系、横向分布广"成藏模式

涠西南凹陷具有"断裂沟源、断脊运移、两面控藏、纵向叠置、横向连片、满凹含油"的复式油气聚集特征(图 3-22),正向构造单元以构造油藏或构造背景下的岩性油藏为主,油气相对富集,负向构造单元以岩性油藏为主,油气丰度相对较低。以流沙港组二段为主力烃源岩,储集层涉及基底风化壳、长流组、流沙港组、涠洲组和下洋组,圈闭类型主要为构造型和地层型

或两者的复合。前者包括断块、断背斜、断鼻、背斜等亚类,此外还发育古潜山圈闭。圈闭主要形成于始新世—渐新世的构造运动,到渐新世末构造基本定型,油气成藏期主要为角尾期-第四纪,可见发育圈闭定型期早于油气充注期,时间配套有利。断层、相互连通的砂岩层及不整合面构成油气运移的疏导体系,其中断层在垂向上为沟通成熟烃源岩与圈闭储层提供了重要通道,渗透性砂岩层构成较短距离侧向运移通道,而不整合面成为较长距离侧向运移通道。

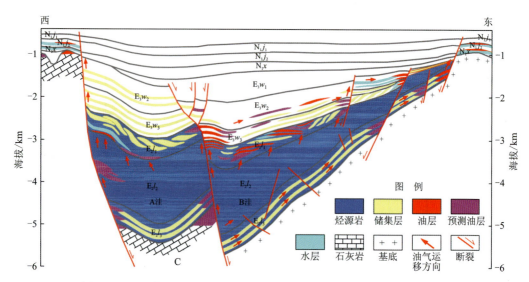

图 3-22　涠西南盆地"纵向多层系、横向分布广"成藏模式(据李凡异等,2021)

2004 年,围绕涠洲 12-1 油田和涠洲 11-4 油田进行滚动勘探,取得了良好效果。自 2005 年开始,涠西南凹陷设施周围 10km 范围内作为滚动勘探区,全面实施滚动勘探。在涠西南凹陷 2 号断裂、涠西南低凸起倾末端、1 号断裂等区带获得突破。①2 号断裂证实亿吨级复式连片大油气田。不仅盘活了涠洲 11-1 和涠洲 6-9 含油构造,而且新发现了涠洲 11-1N 油田、涠洲 11-1E 油田、涠洲 6-10 油田、涠洲 6-8 油田和涠洲 11-2 等含油构造,证实了该区复式油气聚集,具有连片形成大油气田的条件。②涠西南低凸起倾末端发现大中型油气田。③1 号断裂下降盘岩性圈闭成藏,有望连片含油,形成大油气田。1 号断裂下降盘(陡坡带)通过滚动勘探陆续发现了涠洲 5-7、涠洲 6-1 等油气藏,证实了 1 号断裂下降盘是油气成藏的有利区带。

2. 凸起区"间接接触单向供烃"和凹中隆"直接接触多向供烃"成藏模式

涠西南凹陷碳酸盐岩潜山油气成藏模式归纳为凸起区"间接接触单向供烃"和凹中隆"直接接触多向供烃"2 种基本类型(图 3-23)。

(1)凸起区"间接接触单向供烃"型发育在凹陷边缘,未与有效烃源岩直接接触,成熟烃源岩生成的油气往往经过断层、骨架砂体以及不整合面等组成的复合输导体系进行长距离二次运移,才能进入凹陷边缘的碳酸盐岩潜山圈闭中聚集成藏,具有油气运移距离远、单源单向间接供烃的特点。碳酸盐岩潜山圈闭距离生烃洼陷越近,油气充满度越高。

(2)凹中隆"直接接触多向供烃"型,涠西南凹陷经历了多期次强烈的构造、断裂活动,形成大型潜山油气藏独特的"凹中隆"构造格局,潜山储集体周围往往被多个生烃洼陷包围,呈

围裙状分布,两侧通过断层面与烃源岩对接,上部被烃源岩与源下红层覆盖,成藏条件优越。该潜山一般埋深较大,但与烃源岩直接接触,使得油气经初次运移即可在古潜山圈闭中聚集。与边缘凸起区潜山相比,该潜山具有油气供给充足、运移距离近、优先充注及充注程度高的优势,该类潜山圈闭能否成藏以及成藏规模主要取决于优质储集层的发育程度。

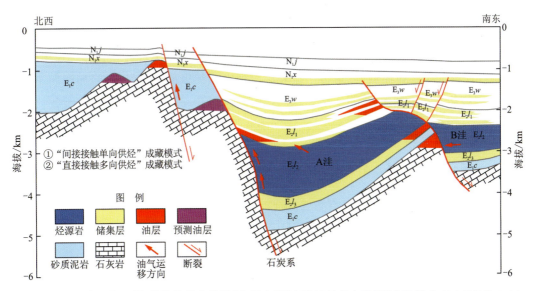

图 3-23　涠西南凸起区"间接接触单向供烃"和凹中隆"直接接触多向供烃"成藏模式(据李凡异等,2021)

3. "源内横向运移—垂向有限调节"成藏模式

乌石 17-2 油田所在的乌石凹陷东区中央隆起带主体部位油气成藏为源内横向运移—垂向有限调节成藏模式(图 3-24)。烃源岩主要为流二段上、下 2 套优质烃源岩。生成的油气首先沿生烃层系内的输导层横向运移,油气在运移过程中遇到圈闭即可聚集,在有效圈闭中聚

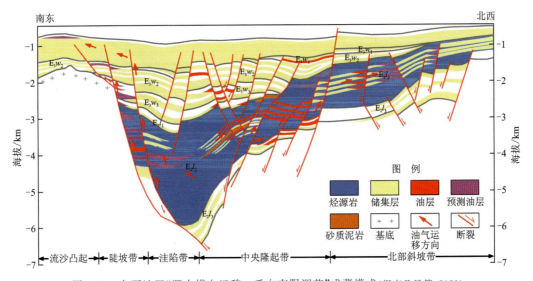

图 3-24　乌石油田"源内横向运移—垂向有限调节"成藏模式(据李凡异等,2021)

集成藏。而未能聚集的油气继续沿连通砂体侧向运移,遇开启性断层后,沿断层向上输导,油气逐级上移,在纵向和横向上均可发生较大距离的运移,直至遇到合适的圈闭为止。由于主成藏期断层活动较弱,大部分油气未能进入上覆层系,主要含油层系发育于生烃层系内部。只有在反向屋脊断层组合带中,油气在上覆层系中聚集成藏的概率才较大。这种成藏模式导致自构造低部位到构造高部位均可成藏,造成纵向上含油层系叠合、横向上连片的特点。碳酸盐岩潜山油气藏展现勘探潜力潜山油气藏作为断陷盆地一种重要的油气藏类型,是油气勘探的重要方向。涠西南凹陷古生界碳酸盐岩潜山勘探程度低,但多口井在录井过程中见丰富油气显示,且测试获工业油流,发现多个碳酸盐岩潜山油气田或含油气构造,如涠洲11-1、涠洲5-2等碳酸盐岩潜山油藏,展示了该领域广阔的勘探前景。

(四)典型油气藏

1. WZ12-2 油田群

WZ12-2 油田群位于南海北部湾海域,距西南约 85km,所在海域水深 34～40m。油田群包括涠洲 12-2 油田、涠洲 12-1 西油田及涠洲 11-2 油田北块 3 个油田。

WZ12-2-2 井超压油藏:其成藏模式为"超压-自源(充注、低渗、超压同期型)"成藏模式。油气来源为流二段下部泥页岩,自生自储。储层为浅湖滩坝砂和席状砂(物性差,异常高压发育)。盖层为流二段上层序中深湖相泥岩,具有强封盖能力。圈闭以构造圈闭和岩心圈闭为主,八字形断层是其封闭的主要原因。运聚规律为,成熟烃源岩大量生烃(超压),以砂体输导,通过初次运移直接进入储层聚集成藏,该模式具有良好的保存条件。详见图3-25。

WZ12-11-3 井常压油藏:其成藏模式为"常压-远源-开放型"成藏模式。油气来源为涠洲

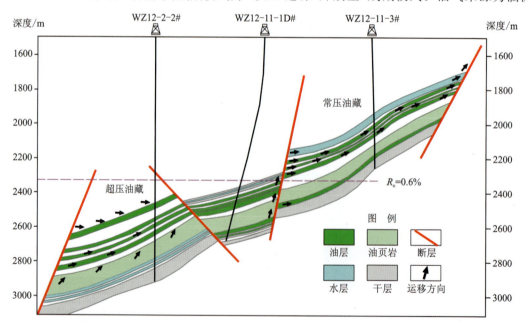

图 3-25　涠洲 12-2 油田成藏模式示意(据杨朔,2019)

12-2 靶区 B 洼斜坡流二段下部烃源岩(WZ12-11-3 油藏下部烃源岩未达到生烃门限)。储层为三角洲分流河道砂和席状砂(物性中等,常压储层)。盖层为流二段上层序中深湖相泥岩,具有中等封盖能力。圈闭以断块圈闭为主。运聚规律为:油气经断层、不整合面及砂体组成的复合输导体系,经过长距离侧向运移,在斜坡部位成藏。该模式保存条件较差,油藏右侧断层开启,流二段Ⅰ油组油气逐渐散失。

2. 福山油田

福山凹陷自下而上 4 套成藏组合(流三段、流一段、涠三和涠二段)均已发现油藏,但目前主要产层和成藏层系是流三段。断裂在油气成藏过程中,起到关键性作用,福山凹陷断裂控制油气运聚成藏的基本模式划分为两大类:反向断层遮挡和同向断层沟源。在断鼻和滚动背斜带同向犁状断层起到沟源作用,具有纵向多层系叠置含油的复式聚集特征;花场断鼻-白莲次凹油气近源聚集富集于流三段,主要靠早期始新世反向断层遮挡断块圈闭成藏。凹陷的断层、输导砂体与不整合面形成了整个油气输导体系。

缓坡带近源聚集,断脊运移,在流三段反向断层遮挡的断块圈闭中成藏,断层侧封是成藏主控因素,侧封能力和距烃源的远近决定油气藏充满度;北部断鼻和滚动背斜带油气成藏特点是断裂沟源,复式成藏(涠三段、流一段),圈闭控藏,已发现多个含油构造,成为福山凹陷增储上产的接替领域(图 3-26)。

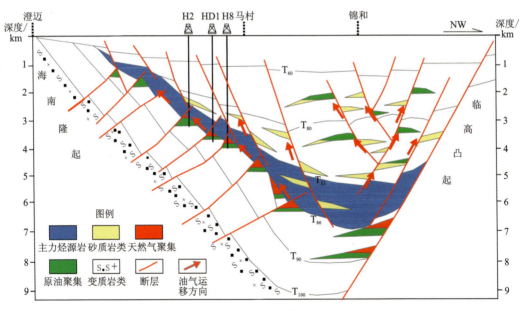

图 3-26　福山凹陷油气运聚成藏模式图(据石彦民等,2007)

(五)资源潜力

分别采用盆地模拟法、油田规模序列法、圈闭法和类比法,综合评价北部湾盆地石油地质资源量为 21.18 亿 t,可采资源量为 5.10 亿 t(表 3-7),其中 92% 分布于北部坳陷的涠西南凹

陷,南部坳陷的乌石凹陷、迈陈凹陷和雷东凹陷。

纵向上,新生界石油地质资源为 19.68 亿 t,占总量的 93% 以上,全部分布在浅海区,浅层—中深层的资源量占总量的 92%。

表 3-7 北部湾盆地石油地质资源量表

一级构造单元	石油地质资源量/亿 t	
	地质	可采
北部坳陷	10.04	2.42
企西隆起	0.81	0.20
南部坳陷	10.32	2.49
合计	21.18	5.10

"南海油气"系列

第四章

南海中南部盆地及中生界油气资源

南海中南部主要发育16个含油气盆地,我国主张管辖海域范围内预测的地质资源量为石油154.18亿t、天然气31.758 4万亿m³(表4-1)。

表4-1 南海中南部主要含油气盆地基本信息统计表

海区	序号	盆地名称	地质资源量		探明地质储量		待探明地质资源量	
			油/亿t	气/亿m³	油/亿t	气/亿m³	油/亿t	气/亿m³
中南部	1	笔架南盆地	4.17	2376			4.17	2376
	2	中沙西南盆地						
	3	中建南盆地	33.72	51 980			33.72	51 980
	4	万安盆地	23.12	27 463	2.77	2979	20.35	24 484
	5	礼乐盆地	6.13	16 644	0.09	737	6.04	15 907
	6	北巴拉望盆地	1.37	2178			1.37	2178
	7	南巴拉望盆地	0.92	1471			0.92	1471
	8	永署盆地	0.29	294			0.29	294
	9	南薇东盆地	0.88	897			0.88	897
	10	南薇西盆地	8.76	13 382			8.76	13 382
	11	九章盆地	0.81	825			0.81	825
	12	安渡北盆地	0.69	708			0.69	708
	13	南沙海槽盆地	3.21	3271	0.04	595	3.17	2676
	14	文莱-沙巴盆地	31.7	15 274	9.11	6319	22.59	8955
	15	北康盆地	8.86	14 855	0.06	136	8.80	14 719
	16	曾母盆地	29.55	165 966	5.68	46 222	23.87	119 744
合计		盆地16个	154.18	317 584	17.75	56 988	136.43	260 596

注:1.数据来源于谢玉洪,2020;2.本表未收集到中沙西南盆地资源量信息。

从全球油气资源分布状况来看,中生代盆地是主要的油气聚集区,蕴藏的石油资源量可占全球总资源量的80.4%,天然气可占62.9%,其中的海相白垩系和侏罗系的油气可占全球总资源量的54%(Klemme et al.,1991)。我国已初步查明南海广泛分布有残留中生界地层,其中南海北部厚度最大可超过8km,存留面积达6万km²,并具备形成良好油气资源前景的基本石油地质条件,是值得进一步勘探的新领域、新层系。

南海油气地质概况与资源基础

第一节 南海中南部含油气盆地石油地质条件及资源潜力

一、南海中南部主要含油气盆地概况

南海海域面积约 350 万 km²，我国疆界内面积约 201 万 km²，南海中南部共 16 个盆地，面积约 76 万 km²。其中中南部 14 个盆地中，我国疆界内盆地面积约 59.7 万 km²，占 16 个盆地总面积的 78.6%。

南海中南部海域南缘海水较深，向中央海盆呈加深趋势，平均水深 1212m。自海盆边缘至北部海盆，总体的轮廓呈现陆架—陆坡—深海盆三级阶梯态势。

南海中南部海域处于印澳板块与欧亚板块碰撞以及太平洋板块向北北西—北西俯冲，促使东南大陆裂解，导致巽他、曾母和南沙 3 个地块相互滑动和汇聚的区域构造背景中。在总体南北向汇聚背景上，三个地块之间发生挤压、走滑、拉张、沉降等作用，形成了众多的新生代沉积盆地，主要包括中建南盆地、中沙西盆地、万安盆地、南薇西盆地、永暑盆地、南薇东盆地、九章盆地、安渡北盆地、礼乐盆地、南沙海槽盆地、曾母盆地、文莱-沙巴盆地、南巴拉望盆地、北巴拉望盆地、湄公盆地和纳土纳盆地等。

南海中南部海域断裂系统的形成受控于欧亚板块、印澳板块和太平洋板块的相互作用，形成南北、北东和北西向的构造应力场。该断裂按照性质和展布方向可分为四大系统：一是以南海盆地西南次海盆扩张中心为一级断裂的北东向张性断裂系统；二是以卢帕尔断裂、穆卢断裂、南沙海槽东缘断裂和帕拉望北缘断裂等为一级断裂的北西—东西—北东向挤压断裂系统；三是以南海西缘、中南-礼乐和乌鲁根等为一级断裂的近南北向走滑断裂系统；四是以廷贾断裂为一级断裂的北西向走滑断裂系统。

由于周缘受到不同力学条件的控制，南海中部海域发育类型各异的盆地，例如万安盆地是在古近纪伸展拉张盆地的基础上，受后期走滑断层影响进一步拉张而形成复合剪切拉张盆地；曾母盆地早期为周缘前陆盆地，后期受走滑拉张影响形成的剪切与周缘前陆叠置型盆地；文莱-沙巴盆地是在两个早期不同原型盆地基础上形成的一个弧前盆地；南沙海槽盆地是在早期残洋盆地基础上，经过周缘前陆盆地和局限残留洋盆演化阶段的复合叠置型盆地；北巴拉望盆地、安渡北盆地和礼乐盆地等属于典型的克拉通内部断陷盆地。

南海中南部 16 个盆地预测的地质资源量为石油 154.18 亿 t，天然气 31.758 4 万亿 m³，资源潜力巨大；加之我国石油地质学家刘光鼎院士和刘守余研究员预示：在南海新生代油气沉积盆地以下的深部，尚存在油气资源广阔良好的找矿前景。

二、南海中南部主要含油气盆地石油地质条件

(一)中建南盆地

中建南盆地位于南海西北部,总体发育于大陆斜坡上,处于西沙海槽以南、广雅海台以北,西临中南半岛、东接西南海盆,南以万安盆地为邻。该盆地面积约13.81万 km^2,主体水深200～4000m,其中在疆域内面积为11.18万 km^2。

中建南盆地总体呈隆坳相间的构造格局,发育"三隆三坳",分别为西北隆起、北部隆起、南部隆起、北部坳陷、中部坳陷、南部坳陷(图4-1)。

中建南盆地断裂体系的发育主要受控于红河断裂系的分支的近南北—北北东向西缘大断裂影响,盆地区内主要发育北东—北北东和北西—北西西向两组断裂。控制断陷的形成、地层沉积以及次级构造单元的边界及展布。

中建南盆地构造演化大致经历3个时期:始新世—早渐新世为主体裂陷期,晚渐新世为弱裂陷与褶皱反转期,中新世—现今为热沉降期。

盆地基底前新生界的花岗岩、变质岩、碳酸盐岩等;发育3套烃源岩分别为始新统中—深湖相泥岩、下渐新统崖城组滨海平原沼泽相泥岩、上渐新统陵水组局限浅海相泥岩。其中,始新统和下渐新统崖城组是主要烃源

图4-1 中建南盆地构造单元区划图

层系,总体以产气为主、产油为辅。有机质热演化模拟分析表明,中建南盆地生油门限为2000m。始新统发育湖相泥质烃源岩,有机质丰度高、类型好;崖城组发育煤系烃源岩,碳质页岩和煤层发育,其有机质丰度较高,有机碳含量在10%～60%之间。

中建南盆地可能存在碎屑岩、碳酸盐岩和基岩潜山三大类储层,其中碎屑岩储层主要为扇三角洲砂岩、滨岸砂岩以及近岸水下扇砂岩,生物礁主要发育在梅山组、三亚组、黄流组中;基岩潜山储层主要为前寒武系的花岗片麻岩,预测基底风化壳和裂缝应具有良好储集条件。

盆地发育多套盖层。莺歌海组是南海北部最上部区域盖层,梅山组是南海北部准区域盖层,三亚组亦可作为准区域盖层,陵水组一段、陵水组二段、崖城组二段发育局部盖层,甚至始新统的湖相泥岩亦可作为潜山或始新统油藏的局部盖层。

综合分析中建南盆地油气地质条件,结合琼东南盆地崖13-1气田和珠江口盆地流花11-1油田、万安盆地的成藏特征,认为中建南盆地新生界主要发育上、下两套成藏组合。下组合以始新统湖相泥岩和崖城组海陆交互相地层为烃源岩,崖城组和陵三段扇三角洲、三角洲砂体为储层,陵水组一段、陵水组二段浅海相泥岩为盖层。

上述组合以始新统湖相泥岩和崖城组海陆交互相地层为烃源岩,三亚组滨岸砂、生物礁和梅山组生物礁、峡谷水道砂为储层,黄流组海相泥岩为盖层。

(二)万安盆地

万安盆地为位于我国南海西南部(越东断裂带西侧)大陆架——陆坡区以新生代沉积为主、南薄(2000m)北厚(12 000m)呈纺锤形南北向的大型早期拉张、后期受断层影响的走滑拉张盆地。盆地南北向长 480km,东西向最宽 220km,面积 8.53 万 km^2,其中我国海疆内 5.80 万 km^2。盆地主体水深小于 500m,最大水深约 2000m。

盆地地层自下而上为:渐新统西卫(桥)组河湖、三角洲—浅海相棕色底砾岩、砂岩、页岩夹粉砂岩,局部含煤,厚 200~4000m;下中新统万安(都)组滨海—浅海、三角洲相底砾岩、砂岩夹泥岩,厚 400~2400m;中中新统李准(通—芒桥)组三角洲及台地相下部石英砂岩夹页岩,上部钙质砂岩夹灰岩,厚 350~3200m;上中新统万安北(昆仑)组台地及浅—滨海相下部泥岩、灰质砂岩,上部灰岩,厚 200~2000m;上新统广雅组—人骏(边同)组滨浅海及三角洲钙质黏土,夹石英砂岩,厚度自南西向北东逐渐增厚(400~3000m);第四系滨海—半深海砂砾岩与黏土互层,厚度 200~600m。盆地基底为白垩系变质岩或燕山晚期花岗闪长岩、火山岩。

盆地构造主要受东侧近南北向越东(又称万安)断裂先右旋后左旋多次走滑强烈作用的制约,前人根据盆地的基底特征,结合重力、磁力以及地震资料,将万安盆地划分为 10 个构造单元,即北部坳陷、北部隆起、中部坳陷、西部坳陷、西北断阶带、西南斜坡、中部隆起、南部坳陷、东部隆起和东部坳陷(图 4-2),构造单元基本呈坳隆相间。其中中部坳陷面积最大,新生代最大沉积厚度达 12 500m,是本区的主要沉降中心。

万安盆地主力烃源岩为渐新统、下中新统,中中新统为次要烃源岩。上渐新统、下中新统以泥岩、页岩和煤系地层为主,在盆地中、东部厚度较大,有机质丰度较高,TOC 含量分别为 1.51%、0.62%,S_1+S_2 分别为 5.63mg/g、1.68mg/g,为中—好烃源岩,Ⅱ-Ⅲ型有机质,处高—过成熟阶段。中中新统有效烃源岩最厚 300m,分布范围较小,主要分布于盆地中西部,TOC 含量 0.43%,S_1+S_2 平均 20.36mg/g,为差—中等烃源岩,Ⅱ-Ⅲ型有机质。万安盆地共有 3 类储集岩:渐新统到上新统砂岩(如大熊大型油气田)、中—上中新统碳酸盐岩、前古近系基岩储层。

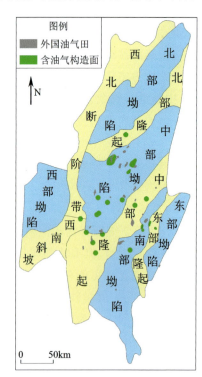

图 4-2 万安盆地构造单元区划图

万安盆地存在局部盖层和区域盖层:区域性盖层是下上上统—第四系和渐新统顶部—下中新统底部的两套细粒沉积物;局部盖层包括渐新统和中新统黏土岩、粉砂、碳质页岩和钙质黏土岩。

万安盆地发育 4 套良好的生储盖组合。第 1 套组合:烃源岩为渐新统的泥岩、页岩和含煤泥岩,储集层为前古近系的基岩,盖层以渐新统内部的细碎屑沉积,为一套新生古储的成藏组合。第 2 套组合:烃源岩为渐新统的泥岩、页岩和含煤泥岩,储集层为渐新统内部的砂岩,盖层为渐新统内部三角洲间湾相和海相泥岩,为一套自生自储式的成藏组合。第 3 套组合:烃源岩为渐新统的泥岩、页岩和含煤泥岩以及下中新统浅海页岩、煤和含煤泥岩,储集层为中新统砂岩。盖层有两类,一类为上新统和第四系的区域性盖层;另一类为中新统局部盖层,为一套古生新储或自生自储式成藏组合。第 4 套组合:烃源岩为与第三套组合的烃源岩一样,为渐新统和下中新统 2 套烃源岩;储层为中新统碳酸盐岩/生物礁;盖层为上新统和第四系的泥岩,为一套古生新储或侧生侧储式成藏组合。万安盆地已发现 30 个油气田,形成了与圈闭成因有关的断块、背斜、礁隆、基岩等 4 种油气藏类型。

(三)南薇西盆地

南薇西盆地为位于南海西南部西雅隆起以南与南薇隆起以北之间的陆坡浅滩—岛礁区(水深 500～2000m),以新生代古新世—第四纪沼泽相、湖相、海相沉积地层为主(总厚 1000～11 000m)的陆缘张裂盆地。盆地南北向长约 212km、东西向平均厚约 150km,面积 4.55 万 km²(图 4-3),水深 500～2000m,主体水深 1800～2000m。

根据构造、沉积和地球物理场特征,在盆地内可划分出 5 个二级构造单元,即北部坳陷、北部隆起、中部坳陷、中部隆起、南部坳陷。

盆地地层自下而上为:基底主要由前新生代变质岩及中酸性—基性火成岩组成;往上为中始新统沼泽相、滨浅—半深湖相泥岩;上始新统—下渐新统滨—浅海相泥岩和上渐新统—中中新统浅海相泥岩等 3 套烃源岩(其

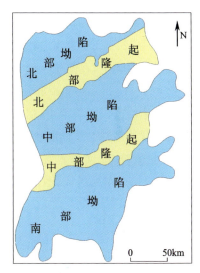

图 4-3 南薇西盆地构造单元区划图

中以中始新统烃源岩为主,主要烃源岩成熟 R_o 为 0.4%～2.5%,残留有机碳含量 0.35%～2.0%),以及与烃源岩相对应且以中始新统陆相、上始新统—下渐新统海陆过渡相、上渐新统—中中新统和上中新统浅海相的砂岩为主的(浊积岩为次),其厚度依次为 470m、350m、370m、150m 的 4 套油气储层。上新世—第四纪形成稳定的浅海—半深海相泥岩(厚 250～2000m)沉积构成盆地的良好区域盖层(砂岩 PS 值一般小于 25%)。

根据南薇西盆地各时期不同沉积环境形成的烃源岩和储集层特点,盆地古新世—中始新世储集层与深水环境局部盖层极易形成条件优越的自生自储互层式组合。晚渐新世—中中新世储集层与坳陷同层盖层可共同形成连续的自生自储互层式组合,又可与下伏局部或区域性湖相泥岩共同形成非连续下生上储上盖组合,同时该套海相泥岩与下部的砂岩也能构成非连续上生下储上盖组合。综上所述,南薇西盆地生储盖组合以自生自储互层式为最佳,下生上储上盖和上生下储上盖组合次之。

(四)曾母盆地

曾母盆地为位于南海西南部大陆架(其西北和北部跨越陆坡),曾经历晚渐新世至早中新世前陆式坳陷—中中新世裂谷拉张—晚中新世差异沉降—上新世和第四纪区域沉降的盆地演化阶段,以及由渐新统—第四系 9 个海退旋回(为主)沉积组成呈南薄(2000m)北厚(16 500m)的似三角形特大型走滑—周缘前陆复合型盆地;其东西最宽约 669km、南北最宽约 469km,总面积 17.095 万 km^2(其中海区 16.871 万 km^2,我国海疆内 12.992 2 万 km^2);主体水深小于 500m。

盆地地层自下而上:古新世除发育早期的火山集块岩外,缺失上部地层;晚始新世末开始,盆地内局部发育陆相—三角洲相沉积;渐新世河流—三角洲沉积逐渐扩大,形成厚达 60~800m 的曾母组,岩性主要为砂泥岩、煤层,夹灰岩和砾岩。早中新世,曾母盆地内三角洲—浅海沉积发育,形成了厚达 610~1824m 的立地组,局部有缺失;下部为砂泥岩夹煤层,砂岩之上偶尔为含植物根须的泥岩覆盖层,煤层少见。中中新世开始,海宁组和南康组碳酸盐岩发育,厚 457~1524m。下部海宁组为泥灰岩、台地灰岩和生物礁灰岩,在南康台地发育;上部南康组以礁灰岩为主,在南康台地和西部台地发育。上新世—第四纪,以滨、浅海环境为主,形成厚达 457~1828m 的北康群。

盆地构造以断裂为主,褶皱为次;盆地南部北西向张剪性断裂发育,形成箕状隆坳相间的格局。盆地东部北东向断块发育、沉积大量礁块,盆地北部坳陷以近东西向断裂为主,由索康坳陷、拉索隆起、西部斜坡、塔陶垒堑区、东巴林坚坳陷、西巴林坚隆起、南康台地、康西坳陷 8 个次级构造单元组成(图 4-4)。

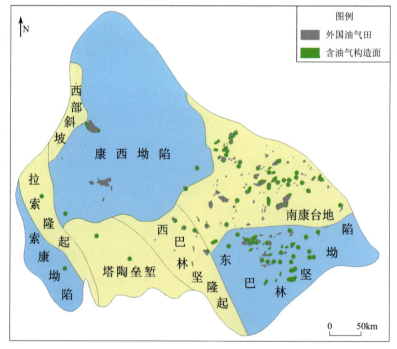

图 4-4 曾母盆地构造单元区划图

曾母盆地烃源岩主要为渐新统的曾母组、下中新统的立地组2套烃源岩，有机质类型以Ⅱ—Ⅲ型干酪根为主，主要生成天然气。其中渐新统曾母组海陆过渡相碳质页岩、煤层和海相泥岩主要分布在盆地东南部地区(巴林坚褶皱区和南康台地)。下中新统立地组陆源海相泥岩分布在盆地中西部地区(康西坳陷、塔陶垒堑和索康坳陷)。曾母盆地储层主要为渐新统—中新统砂岩和中—上中新统灰岩或礁灰岩。其中砂岩储层的储集性能变化较大，河道和分流河道砂体分选较好，主要分布于盆地南部、中部。中—上中新统碳酸盐岩储层是曾母盆地一系列大中型气田的重要储层，主要发育在盆地西部斜坡和东部南康台地上。上新统—第四系为厚度达1000～6000m的泥岩，是盆地内的区域性盖层。

曾母盆地新生代主要形成2套有利的生储盖组合。第1套组合：烃源岩为渐新统近岸湖沼—三角洲、海湾相泥岩和下—中中新统海相泥岩，储集层为渐新统—中新统三角洲相、海岸平原相砂岩，盖层三角洲间湾相和海湾、湖沼相泥岩和上新统与第四系的泥岩。该套组合主要发育在盆地的东部和南部。第2套组合：烃源岩为渐新统近岸湖沼—三角洲、海湾相泥岩和下—中中新统海相泥岩，储集层为中新统碳酸盐岩、生物礁及浅海砂岩，盖层为上新统和第四系的泥岩，为曾母盆地最重要的油气组合，主要发育在盆地的中部及西部。

(五)北康盆地

北康盆地为位于南海西南部的曾母盆地北东侧和巴沙-文莱盆地北西侧大陆坡(水深100～2000m)，以新生代陆相—海相地层(总厚超1000～12 000m)为主，由于地壳拉伸、裂陷而形成的陆缘张裂盆地；其北东向长约223km，北西平均宽约145km，面积4.32万km²，水深100～2000m。

盆地北东向正断裂发育，北西向、近南北向次之，控制着盆地内西部坳陷、东北部坳陷、中部隆起、东北隆起、东南坳陷、东部隆起等6个一级构造单元的展布(图4-5)。

盆地地层自下而上为：基底由前新生代中酸性—基性火成岩、变质岩等组成；盆地地层自下而上为：基底由前新生代中酸性—基性火成岩、变质岩等组成；往上为古新统—中始新统盆地西北部湖相砂泥岩，东南部海相砂泥岩；上始新统—渐新统盆地西北部滨海相三角洲砂体，东南部滨浅海相沉积；下中新统全区滨浅海砂泥岩且局部碳酸盐岩沉积、中中新统—上中新统浅—半深海相碎屑岩和碳酸盐岩沉积；第四系厚层泥页岩。

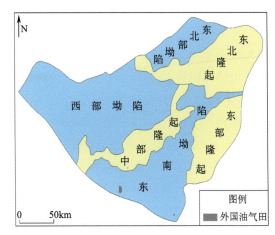

图4-5 北康盆地构造单元区划图

北康盆地普遍发育中始新统、上始新统—下渐新统和上渐新统—下中新统3套烃源岩。中始新世，盆地整体处于浅海沉积环境，西部坳陷和东南坳陷2个有利生烃区地区发育泥岩为主的烃源岩。与万安盆地同期对比，北康盆地有机碳含量为0.5%～2.0%，干酪根类型可能为Ⅱ—Ⅲ型。晚始新世—早渐新世，盆地西部为海陆过渡环境，东部为浅海—半深海环境。

西部坳陷东部和东北坳陷西部发育沼泽相泥岩和浅海砂泥岩；东南坳陷发育浅海—半深海泥岩，有机碳含量为 0.5%～2.3%，干酪根类型为 Ⅱ—Ⅲ 型。晚渐新世—早中新世，盆地东北坳陷和东南坳陷处于浅海—半深海环境，砂泥相和偏泥相沉积发育，有机碳含量为 0.63%～1.50%，干酪根类型为 Ⅱ—Ⅲ 型。

北康盆地的油气储集层主要有古近系砂岩、中中新统碳酸盐岩等 2 套。古近系砂岩以中始新统砂岩最为发育，上始新统—下渐新统次之，为近海河湖、三角洲及滨浅海沉积，有利储集相带位于盆地东部的东北坳陷、中部隆起、东南隆起及西部坳陷的西北部；中中新统浅海台地灰岩和礁灰岩的储集性能良好。

上新世—第四纪形成分布广泛、厚度和 PS（砂岩）值变化较大的浅海—半深海相泥岩沉积，构成盆地的盖层。在盆地南部的盖层厚度 1000～2000m、砂岩 PS 百分含量小于 20%，封盖性能良好；在盆地中北部的盖层厚度 500～1000m、砂岩 PS 百分含量 20%～40%，封盖性能中等；盆地局部盖层厚度 0～500m、砂岩 PS 百分含量大于 40%，封盖性能差。

综上所述，北康盆地的烃源岩从中始新统至下中新统都有发育，储层则以渐新统—中新统砂岩、中—上中新统碳酸盐岩/礁灰岩为主，形成下生上储的成藏组合。油气的运移基本上以侧向运移以及短距离运移为主，在局部通过断裂进行垂向运移，在一些构造高部位聚集成藏，形成断背斜、披覆背斜和古潜山等油气藏。从盆地构造单元来看，北康盆地西部坳陷油气资源量最大，其次是东南坳陷和东北隆起；从深度来看，盆地油气资源主要分布于中深层；从地理环境来看，北康盆地油气资源全部分布在深水区。

（六）文莱-沙巴盆地

文莱-沙巴盆地为位于南沙群岛附近海域南缘由于南沙地块向巽他地块俯冲形成以新生代沉积为主（总厚>10 000m）的前陆盆地，走向北东，面积约 9.43 万 km²（我国海疆内约 4.05 万 km²；盆地大部分水深小于 500m。根据盆地基底性质、沉积和构造特征，以鲁东-莫里斯断层为界将盆地分为巴兰三角洲坳陷和沙巴坳陷 2 个次级构造单元（图 4-6），其中沙巴坳陷可分为 3 个构造区，分别为内带构造区、外带构造区、逆冲带构造区。

盆地东部（沙巴坳陷）的基底为褶皱的晚始新统—早中新统深海复理石。沙巴坳陷活动的压扭构造导致多个区域不整合和穿时的海侵界面，从而无法划分沉积旋回，将整个古近系和新近系划分为 4 套地层单元。Stage Ⅰ 为褶皱变质基底；Stage Ⅱ、Stage Ⅲ

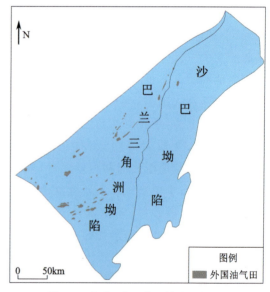

图 4-6　文莱-沙巴盆地构造区划图
（据 IHS，2023 修改）

为上始新统—下中新统深海相沉积；Stage Ⅳ为中中新统至今的沉积，主要发育三角洲、滨浅海相砂岩，是油气勘探的主要目的层段。

文莱-沙巴盆地在中新世发育多套烃源岩，其中巴兰三角洲坳陷烃源岩主要为下中新统—上新统陆生植物夹杂藻类，以泥岩、碳质泥岩及煤层形式存在。有机质类型主要以Ⅲ型干酪根为主，少量Ⅱ型；沙巴坳陷以Stage Ⅳ（中中新—更新世）泥、页岩为主的烃源岩，Stage Ⅲ（下中新世）泥岩为次要烃源岩。最好的烃源岩为Stage ⅣA（中中新世）和Stage ⅣD（上中新世）下滨岸平原的含煤页岩和碳质页岩。除外带构造区为Ⅲ型、Ⅱ/Ⅲ型干酪根外，其他构造区均以Ⅲ型干酪根为主。

巴兰三角洲坳陷储层在旋回Ⅴ（上中新世）和Ⅵ（下上新世）地层中最为发育，厚度可分别达到3048m和1829m，主要发育三角洲、滨岸、下海岸平原沉积相，以细—中粒砂岩为主。沙巴坳陷在中中新世以后，发育河流、三角洲、浅海和滨岸沉积相，各沉积相内发育的砂体是主要储集层。

巴兰三角洲坳陷区主要有两类盖层：层间和层内的页岩和黏土岩，在旋回Ⅵ（下上新世）发育一套区域性砂泥岩盖层。沙巴坳陷区缺乏区域性的盖层，大多数储集层以层内页岩、泥岩、钙质粉砂岩为盖层。另外，页岩充填的滑塌崖和泥岩底辟也可作为局部盖层。

文莱-沙巴盆地主要为新近系的河流、三角洲、浅海和滨岸沉积，最大沉积厚度可能超过12 000m，向海方向逐渐变薄，发育多套良好的油气生储盖组合，主要类型有自生自储和下生上储型，油气生、排烃时期与圈闭的形成时期匹配，具有良好的成藏条件。

在横向上，巴兰三角洲坳陷油气相对富集、沙巴含油气区的油气田多为扭动背斜构造，油气藏埋藏较浅。

（七）礼乐盆地

礼乐盆地为位于南沙群岛东北端发育于礼乐地块上以残留中生代沉积（厚4000m）和新生代沉积为主（总厚＞10 000m）呈北东走向中新生代叠置的陆缘断陷-裂离陆块型盆地，面积5.5万km²，主体位于大陆坡上，水深变化在0～2000m之间。

礼乐盆地可划分为"7凹6凸"共13个次级构造单元（图4-7），即北1凹陷、北2凹陷、北3凹陷、北4凹陷、南1凹陷、南2凹陷、南3凹陷、中部凸起、东北凸起、西北凸起、中部凸起、南部凸起、西南凸起。

盆地地层基底岩性主要为中生代沉积岩、变质岩和火山岩，古新统广泛沉积一套滨海—浅海相沉积，岩性为灰色—灰黑色泥

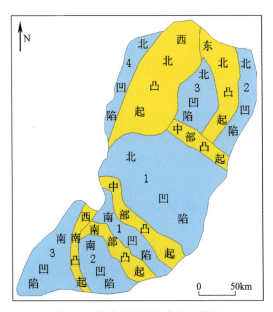

图4-7 礼乐盆地构造单元区划图

岩/页岩夹薄层粉砂岩、砂岩,含有孔虫、海绿石及少量褐煤,其下部为致密薄层白垩纪灰岩。晚、中始新统海侵进入高峰期,岩性以灰色泥岩为主,间夹薄层砂岩。上始新统以扇三角洲—水下扇—滨海—内浅海沉积体系为主,岩性以中—粗粒砂岩和粉砂岩为主,偶见粗—砾级的岩屑和石英颗粒,夹有薄层浅灰绿色—灰色及部分杂色泥岩;下渐新统以扇三角洲—水下扇—滨海—内浅海沉积体系为主,岩性以中—粗砂岩为主,夹有粉砂岩和灰色泥岩及部分红色、杂色泥岩,局部含有砾岩,自生矿物以黄铁矿为主,含煤,可见生物扰动构造。上渐新统—第四系发育内浅海—滨海潮滩相浅黄色碳酸盐岩,底部为粒状白云岩。盆地古近系—第四系地层中均发育海相化石。

礼乐盆地存在白垩系、古新统、始新统、渐新统等多套烃源岩,烃源岩岩性以暗色泥、页岩、粉砂质泥、页岩为主,可见碳质泥岩、少量煤碎屑,偶见褐煤。TOC 含量一般在 0.5%~2.3% 之间,S_1+S_2 大部分为 0.3~3mg/g,个别样品在 5mg/g 以上,HI 指标一般在 40~100mg/g 之间。综合分析认为,渐新统、古新统处于非—差烃源岩范围内;白垩系为中等烃源岩;始新统主体属于非—差烃源岩,有些样品位于好烃源岩区域内。其中下—中始新统是盆地的主力烃源岩,在北1凹陷分布规模最大。

礼乐滩附近主要发育2套储盖组合。第1套为下始新统滨浅海砂岩、风暴砂岩储层与中始新统浅海泥岩盖层组合,其中浅海泥岩为区域盖层。第2套为上始新统—下渐新统水下扇、滨海砂岩储层与浅海泥岩盖层组合,其中浅海泥岩为层内局部盖层。其他地区主要发育2套储盖组合:第1套为下始新统扇三角洲、水下扇、滨浅海砂岩储层与中始新统浅海泥岩盖层组合,其中浅海泥岩为区域盖层。第2套为上始新统—下渐新统扇三角洲、水下扇、滨海砂岩储层与上渐新统—第四系浅海泥岩盖层组合,其中浅海泥岩为区域盖层。礼乐盆地储层物性较好,孔隙度大部分在20%左右。

(八)北巴拉望-南巴拉望盆地

北巴拉望-南巴拉望盆地为位于巴拉望岛和卡拉棉群岛西北大陆架和陆坡上(水深50~2000m)以新生代沉积为主(总厚>3500m)的裂离陆块型盆地,两盆地以北北西向的乌鲁根断裂相隔,总体走向北东,总面积为 3.988 万 km²,其中我国疆界内面积 1.754 7 万 km²;水深50~2000m,大部分水深超过 1000m。

盆地地层基底为上中生代变质岩和中生代蛇纹岩,往上为始新统浅海相海侵长石石英砂岩、灰岩夹薄层页岩、暗灰色泥岩(烃源岩);上始新统—下中新统下部台地灰岩和上部礁灰岩(烃源岩),下—中中新统浅海—半深海相泥岩(烃源岩)夹少量浊积砂岩(产油);中—上中新统内外浅海砾状砂岩,不纯灰岩、燧石与页岩互层;上新统—第四系灰岩,部分礁灰岩或砂屑灰岩,孔隙发育。

盆地构造有地堑地垒、褶皱不整合、礁体及三角洲。盆地主要有3套烃源岩,上渐新统含丰富有机质碳酸盐岩为主要烃源岩,以及下—中中新统的钙质黏土岩、页岩[含有机碳0.33%~2.48%,烃含量(250~9740)×10^{-6}]和始新统页岩,同时古新世的深海页岩和泥灰岩也被认为是一种潜在的烃源岩,平均有机碳含量为1.3%。

储集层为礁灰岩(孔隙度达到 22%)、浊积砂岩、碎屑岩、深水碳酸盐岩;盖层为页岩、泥岩、黏土岩;圈闭类型主要为与基底升降有关的断块构造,与同生断层有关的背斜、礁隆及不整合面。

三、南海中南部资源潜力

根据中海石油(中国)有限公司北京研究中心(2014)及谢玉洪(2020)研究成果,南海中南部我国主张管辖海域内 14 个主要盆地地质资源量分别为石油 150.02 亿 t、天然气 28.54 万亿 m^3,以天然气为主;可采资源量分别为石油 53.45 亿 t、天然气 21.28 万亿 m^3(表 2-9)。石油地质资源主要分布于中建南盆地、文莱-沙巴盆地、曾母盆地、万安盆地,四大盆地累计地质资源量为 118.09 亿 t,占总量的 78.7%(表 2-9,图 2-44)。天然气地质资源主要集中于曾母盆地,地质资源量为 16.60 万亿 m^3,占总量的 58.2%;其次分布于万安盆地、中建南盆地、礼乐盆地、文莱-沙巴盆地、北康盆地、南薇西盆地,六大盆地累计地质资源量为 10.98 万亿 m^3,占总量的 38.5%(表 4-2)。

表 4-2 南海中南部主要盆地油气资源量(我国主张管辖海域内)

盆地	评价面积/km^2	地质资源量		可采资源量	
		石油/万 t	天然气/亿 m^3	石油/万 t	天然气/亿 m^3
中建南	113 589	337 167	22 146	101 150	13 287
万安	58 004	231 211	27 463	91 097	19 306
礼乐	55 000	61 300	16 644	15 325	11 651
北巴拉望	4707	13 671	2178	3418	1743
南巴拉望	1467	9230	1471	2307	1118
永署	2196	2886	294	1137	207
南薇东	6813	8808	897	3470	631
南薇西	45 468	87 600	13 382	34 514	9408
九章	14 427	8099	825	3191	580
安渡北	11 970	6950	708	2738	498
南沙海槽	42 831	32 116	3271	10 919	2355
文莱-沙巴	25 776	317 038	15 274	107 793	10 997
北康	43 200	88 600	14 855	36 326	11 587
曾母	110 637	295 510	165 966	121 159	129 454
合计	482 154	1 500 186	285 373	534 546	212 820

第二节　南海中生界石油地质条件及资源潜力

一、南海中生界地质特征

南海中生界属于中生代盆地的残余沉积,北部主要发育在珠江口盆地的白云凹陷南部、东沙隆起西南侧以及西江凹陷与惠州凹陷北部、韩江凹陷北部都有中生代沉积地层,以及台西南盆地北部(澎湖—北港隆起南侧);中南部主要发育在礼乐盆地、巴拉望盆地。南海中生界残余厚度最大可超过8000m。侏罗纪和早白垩世多为海相或海陆过渡相,晚白垩世多为陆相。

2003年,中国海洋石油总公司与中国台湾中油公司在潮汕坳陷实施了LF35-1-1钻井(陆丰35-1-1)。LF35-1-1井钻遇侏罗系—白垩系,厚约1493m,揭示侏罗系—白垩系沉积环境经历了盆地扩张下沉、深水沉积、火山喷发及陆相回返的一个完整沉积旋回。沉积旋回自下而上依次是:①滨浅海相环境(约500m),岩性主要为灰黑色纹层状泥岩及泥质粉砂岩,夹砂岩、灰岩及鲕粒灰岩,泥岩中富含有机质碎屑;②深水环境(约220m),岩性主要为富含生物化石硅质岩夹玻基玄武岩(细碧岩)、灰黑色纹层状泥岩及泥质粉砂岩;③海陆过渡环境(约260m),岩性主要为基性火山喷发岩夹少量流纹岩与泥岩、砂岩、砾岩以及泥灰岩互层;④湿润陆相环境(约160m),岩性主要为灰色纹层状泥岩、粉砂岩及砂岩组合,含部分有机质碎屑;⑤干旱炎热陆相环境(约300m),岩性主要为紫红色泥岩、粉砂岩及砂岩夹少量泥灰岩组合,砂岩中发育石膏连晶式胶结。

台西南盆地中生界主要发育中下侏罗统和下白垩统两套海相与海陆交互相沉积地层,缺失上侏罗统和上白垩统。中下侏罗统以暗色页岩为主,具有一致的北西倾向,为水体较深、环境稳定的海相沉积。下白垩统以砂页岩为主,含白垩纪标准孢子花粉化石和海相钙质超微化石,沉积环境变化较大。二者之间为角度不整合接触。

礼乐盆地礼乐滩附近实施的Sampaguita-1井大约在3400m处钻遇下白垩统(郑之逊,1993;龚再升等,1997),见Balmeisporites孢粉化石(郑之逊,1993)。下部岩性为集块岩和砾岩,偶有分选差的砂岩组成巨厚岩段,局部与粉砂岩互层,碳质物和煤质细脉常见;上部由含褐色煤层砂质页岩和粉砂岩组成,钻厚520m左右,推测下白垩统沉积环境为浅海相。对比钻井结果和地震声学剖面时深转换计算,该中生界残留厚度最大可超过4000m。

南、北巴拉望盆地主要见上侏罗统—白垩系,为一套深海相石灰岩和海相碎屑岩夹火山碎屑岩,中下部为灰岩与页岩互层,夹火山岩、粉砂岩和砂岩,上部为凝灰质页岩,地层最大厚度3000m。微生物化石和孢粉组合特征揭示其沉积环境属半深海沉积。北巴拉望盆地Galoc-1井钻遇侏罗纪变质砂岩；Cadlao-1(CDL1)井揭示的最老岩石属晚侏罗世—早白垩世，DestacadoA-1X井也钻遇可能为下白垩统的碎屑岩系。南巴拉望盆地Penascosa-1井仅钻遇下白垩统上部地层，岩性为半深海相黑灰色页岩（郑之逊，1993）。

二、南海中生界油气资源潜力

南海北部海域的钻井资料证实了中生界烃源岩的存在，尤其是在东沙海域一带，中生界分布范围广泛，面积超过6万km^2，发育了一套由晚三叠世—早侏罗世浅海—半深海相沉积、中—晚侏罗世滨浅海—半深海相沉积和白垩纪陆相沉积构成的沉积地层，残留厚度一般为2~8km，最大残留厚度可超过8km，具备了形成良好石油地质条件的物质基础。

南海北部海域烃源岩发育的主要时期在晚三叠世—侏罗纪，层序地层格架分析结果亦表明，侏罗纪处于远海、半深水—深水欠偿沉积环境，有利于中—好烃源岩发育。偏于构造高点的LF35-1-1钻井揭示出潮汕坳陷中上侏罗统发育两套烃源岩，下部烃源岩为中等—好烃源岩，具备了成烃的物质基础，凹陷部位应当会存在更好的成烃环境。

储层发育的主要时期是在中—晚侏罗世和白垩纪。早白垩世为强制海退沉积，有利广泛发育沿岸砂体、三角洲、深水扇等砂岩储集体；晚白垩世的浅海陆棚、河流湖泊沉积环境，砂体储层同样发育。晚三叠世发育的低位、海进期的沿岸砂体，也可作为研究区的储集层。LF35-1-I钻井证实潮汕坳陷存在白垩系内部砂泥互层和中上侏罗统内部砂泥岩互层两套储盖组合，特别是中上侏罗统的砂泥岩互层储盖组合，将是潮汕坳陷油气勘探的主要目的层。

张莉等（2014），通过海陆对比分析认为南海中生界具有相对华南陆地更好的成烃环境，晚三叠世—侏罗纪大部分层系可以发育中—好烃源岩、具备形成良好油气资源前景的生烃条件。东沙海域一带的白云南凹-东沙隆起-潮汕坳陷-笔架盆地-台西南盆地-南部隆起区是中生界最主要的存留区，存留厚度较大，分布广泛，是南海北部有望获得重要发现和不容忽视的中生界油气远景区。

台西南盆地下白垩统为滨海相沉积，烃源岩有机质类型为Ⅲ型，CDJ-1井、CET-1井、CGF1井、CFS-4井和CFC9井5口井的TOC含量为0.6%~2.5%，平均值为1.2%，多在0.7%~1.0%之间，属普通级为主的成熟产气带凝结油（凝析油）生油岩。台西南盆地钻遇的侏罗系为滨—浅海相沉积，烃源岩有机质类型为Ⅲ型，CFC-1井、CFM-1井、CFS-2井、CFD-1井、CFC-10井和CFC-5井6口井的TOC含量为0.6%~1.8%，R_o值多在0.68%~1.38%之间，属成熟至高成熟度的良好级生油岩（曹昌桂等，1992）。三叠系：在南海南部民都洛岛的上三叠统—侏罗系中，钻井发现油气显示和油样，以Ⅰ型干酪根为主，R_o值0.54%~0.88%，已达成熟。礼乐盆地的上三叠统—下侏罗统砂泥岩R_o值高达1.0%~2.5%。综上，台西南盆地具有一定的生烃潜力。

南海中南部礼乐盆地可能原属台西南盆地的一部分，南海扩张时两者分开。礼乐盆地的钻井揭示：A-1井下白垩统1块岩心为暗灰—黑色坚硬粉砂质页岩，具有好的生烃潜力；B-1

井下白垩统上部页岩段有机碳含量在0.2%～1.0%之间,具有中等的生气潜力。Sampaguita-1井钻遇的油气产自下白垩统及中始新统,下白垩统上部页岩段有机碳丰度在0.4%～1.0%之间,具中等—好的生气能力(郑之逊,1993)。巴拉望深水区也发现了中生界油气田,如近海水深864m的Malmpaya油田和水深350m的Linapacan油田。

第五章 「南海油气」系列

南海天然气水合物资源

第一节 天然气水合物概况

天然气水合物，俗称可燃冰，是在低温高压条件下水分子通过氢键建构成笼子，小分子气体如甲烷、二氧化碳、硫化氢等充填在笼子内部使得晶体结构稳定后形成的笼状化合物（Sloan and Koh，1998）。自然界中，水合物广泛分布在陆上冻土带和海底浅层沉积物中，其中90%以上的水合物成分以甲烷为主，即甲烷水合物。随着高分辨率 2D/3D 地震、海域水合物钻井、测井和取心资料的日益增多，人们在海洋天然气水合物的形成、富集和分布规律等方面取得了重要进展，提出了天然气水合物系统的概念（Collet，2004；吴时国等，2015）。天然气水合物系统考虑了水合物生成、运移和储层的几个关键因素，即温压条件（水合物稳定带分析）、气源条件、沉积储层、流体运移、成藏时间、成藏模式等，为指导水合物探采提供了理论支持。除此之外，常规油气行业成功的勘探开发技术特别是地球物理方法被广泛应用于水合物探查和开发。

反射地震剖面上有一个特别的反射——似海底反射层（Bottom Simulating Reflectors，BSR），与海底平行，作为水合物最重要的识别标志，导致了海洋水合物的发现（Hydmann and Spence，1992；Holbrook et al.，1996；宋海斌，2003）。随后，由早期分散的低饱和度水合物藏到高富集度的砂岩、裂隙型水合物矿藏，地震方法、井孔测井等地球物理勘探技术一直伴随水合物勘探的深入和发展（Qian et al.，2018；钟广法等，2020）。水合物成藏理论和勘探技术是支撑水合物勘探取得成功的两把"利剑"，同时用好这两项技术，才能在水合物勘探的战场上攻坚克难、旌旗高扬。

我国十分重视和支持天然气水合物研究，以中国地质调查局为代表众多单位取得了丰硕成果。广州海洋地质调查局在近20年内共实施了6次天然气水合物钻探，取得了丰富的成果，其中前4次天然气水合物钻探都在珠江口盆地进行，后2次在琼东南盆地进行。2007年，广州海洋地质调查局在神狐海域进行了首次天然气水合物钻探取样，成功获取了天然气水合物样品，并确定了南海天然气水合物的形成和富集条件（Zhang et al.，2007）；2013年，又在珠江口盆地东部进行了第2次天然气水合物钻探，发现了不同类型的天然气水合物，特别是裂缝型水合物（Zhang et al.，2015）；2015年和2016年，分别在神狐海域实施了第3次和第4次天然气水合物钻探考察，发现了饱和度高达76%的天然气水合物，证实了神狐海域是天然气水合物实验测试的理想区域（Zhang et al.，2017；Li et al.，2018）。1999年，广州海洋地质调查局启动了琼东南盆地天然气水合物资源地质调查工作。2015年，在琼东南盆地西部的深水区发现了海马冷泉。2018年秋季，广州海洋地质调查局与辉固及斯伦贝谢合作，在琼东南盆地东部深水区实施了第五次天然气水合物钻探，发现了裂隙充填型水合物。2019年，在盆地陵南低凸起的细砂层中发现了高饱和度的孔隙充填型水合物。在琼东南盆地深水区开展的水合物钻探结果证实,水合物主要赋存于第四纪乐东组,深部的油气藏和烃源岩产生的热成因气与浅部未成熟至低成熟沉积物产生的微生物成因气可能是形成水合物的气源(Liang et al.,2019;Ye et al.,2019;Qin et al.,2020;Meng et al.,2021)。

上述发现,极大地推动了我国水合物试采进度。2017年5月18日,神狐海域开展了第一轮水合物试采实现试采连续点火60d,累计产气30万 m^3。2019年10月神狐海域进行了第二次试采,2020年2月17日试采点火成功,持续到3月18日顺利完成任务,累计产气86.14万 m^3,日均产2.87万 m^3。这次试采综合运用了各种新技术和装备,向商业化开采迈进了一大步(叶建良等,2020)。与此同时,该发现也推动了海南省与自然资源部、中国海洋石油总公司2019年签订了有关《南海重点海域天然气水合物开发先导试验区》的战略协议。

第二节 天然气水合物系统

天然气水合物系统指天然气水合物组成、形成分解和富集成藏的地质要素和地质作用过程,一般受地质和温压条件的控制。随着高分辨率2D/3D地震成像资料和天然气水合物随钻测井、电缆测井及取心资料的日益增多,人们在海洋天然气水合物的形成、富集和分布规律等方面取得了重要进展,同石油成藏体系一样,逐渐提出了天然气水合物油气系统的概念(Boswell et al.,2012;吴时国等,2015)。天然气水合物油气系统类似于现在指导常规油气勘探的油气成藏系统(Collette et al.,2004,2012),油气成藏系统是指含油气系统内或油气系统之间的一个油气生成、运移、聚集的相对独立单元,它包括同一运聚系统内有效烃源岩及与其相关的油气藏,以及油气藏形成所需要的一切地质要素和作用。同一烃源岩可为一个或多个成藏系统供给油气,一个成藏系统可由一套或多套烃源岩提供油气。然而,天然气水合物存在成藏时间短、物理化学过程复杂、非封闭系统等特点。天然气水合物系统也不同于油气系统,天然气水合物系统要素包括:①水合物形成的温度压力条件;②气源条件;③适合水合物生长的沉积储层;④流体运移;⑤成藏时间;⑥成藏模式。

天然气水合物形成的温压条件,包括海底温度、地温梯度等,即计算天然气水合物稳定域,对于评价天然气水合物储量具有重要意义。天然气水合物稳定域的底界深度是通过计算天然气水合物相平衡曲线与地温梯度的交点获得。气体组分和晶体结构是计算天然气水合物稳定域的重要参数(Sloan and Koh,1998),然而在现实中,这两个参数往往在空间上呈现各向异性。目前的稳定域评价尚未考虑这种现象,仅将气体组分和晶体结构作为各向同性的单一参数进行输入,导致通过理论计算的稳定域底界深度与实际情况常常存在差异(Chong et al.,2016)。因此,将晶体结构和气体组分的空间变化进行定量表征,并耦合计算天然气水合物稳定域,是完善天然气水合物动态成藏理论的重要研究方向。

天然气水合物在海域广泛分布。极地海域,水合物可大片地直接出露在海底,热带海域,则大多深埋地下,仅在500~1000mbsf(meter below seafloor,海底以下深度,以 m 为单位)的范围内分布,仅有少量出露在海底。根据天然气水合物温压曲线(图 5-1)和沉积物中的地温梯度曲线的交点可以计算水合物稳定带厚度。从图 5-1 看出,地温梯度、海底温度、水深等因素共同决定了水合物的存在及其稳定带的厚度。地温梯度越小,海底温度越低,水深越大,水合物稳定带厚度越大,反之越小。但这几种因素对水合物稳定带厚度的影响程度却不同,水深影响较小,地温梯度影响较大,海底温度影响最大。因此地温梯度、海底温度、水深等参数的精确度直接决定了水合物稳定带厚度计算的精度。

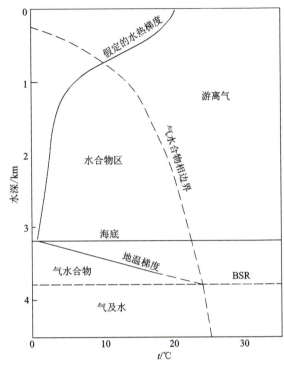

图 5-1 天然气水合物温压曲线

天然气水合物稳定存在的温度-压力四阶方程:

$$P = 2.807\,402\,3 + a \cdot t + b \cdot t^2 + c \cdot t^3 + d \cdot t^4$$

式中: $a = 1.559\,474 \times 10^{-1}$; $b = 4.827\,5 \times 10^{-2}$; $c = -2.780\,83 \times 10^{-3}$; $d = 1.592\,2 \times 10^{-4}$;压力 P 单位为 MPa;温度 t 单位为 ℃。这个方程与甲烷-海水的数据能很好地吻合。Sloan 编写了 CSMHYD 程序,考虑了多种因素影响下天然气水合物相平衡曲线和稳定带厚度的变化(Sloan and Koh,1998)。

对南海温压条件的研究表明,南海大部分地区的温压条件都适合于天然气水合物的形成和保存,对于甲烷水合物,需要水深大于 550m 的温压条件。本书利用 Miles 的方程和 ODP 184 航次的井位数据进行了计算,所得结果与实际测试数据较为一致(表 5-1)。此外对 1148 井的海底温度由 3.48℃ 改为 2.3℃ 后,稳定带的厚度增加了 34.41m。当地温梯度由 0.083℃/m 分别降低 0.056℃/m 和 0.033℃/m 后,稳定带的厚度值分别增加了 109.84m 和 354.02m。这说明海底温度的变化对稳定带厚度、稳定带底部温度、压强、平均热导率和热流的影响相对较小。地温梯度变化对稳定带厚度和热流影响十分明显。

天然气水合物的气源主要来自微生物成因和热解成因这两种类型(Kvenvolden,1993;Collett et al.,2012;Huang et al.,2016;何家雄等,2020)。钻井岩心的碳同位素分析数据表明:布莱克海台、南海神狐海区等地区的甲烷主要来自微生物的分解(Paull et al.,1996;Zhang et al.,2017;吴能友等,2017),而墨西哥湾、北阿拉斯加、马更些三角洲、堪斯比亚和里海形成水合物的气体广泛存在热解成因气(Collett,2012)详见表 5-2。

表 5-1 ODP 184 站点温压计算结果和对比结果

井位	海底温度/℃	地温梯度/(℃·m^{-1})	海水深度/m	稳定带厚度/m	稳定带压力/MPa	热流/(mW·m^{-2})
143	3.14	0.086	2772	201.16	30.21	101.03
1144	3.14	0.024	2037	694.79	27.76	31.70
1145	2.91	0.090	3175	205.41	34.38	105.90
1146	2.88	0.059	2092	268.63	23.98	71.04
1148	3.48	0.083	3294	219.32	35.73	98.18
1148	2.31	0.83	3294	233.73	35.88	98.70
1148	2.31	0.056	3294	329.16	36.86	68.76
1148	2.31	0.033	3294	573.34	39.36	42.88

表 5-2 天然气水合物和含水合物沉积物碳同位素及甲烷浓度

地区	样品种类	甲烷浓度/%	碳同位素/‰	数据资料来源
ODP 112 航次	沉积物	>99	−79~−55	Kvenvolden and Kastner,1990
ODP 112 航次	沉积物	>99	−79~−55	Kvenvolden and Kastner,1990
ODP 112 航次	水合物	>99	−65.0~−59.6	Kvenvolden and Kastner,1990
Eel 河盆地	水合物	>99	−69.1~−57.6	Brooks et al.,1991
黑海	水合物	>99	−63.3,−61.8	Ginsburget et al.,1990
DSDP 96 航次	沉积物	>99	−73.7~−70.1	Pflaumet et al.,1986
DSDP 96 航次	水合物	>99	−71.3	Pflaumet et al.,1986
Garden 海岸气	水合物	>99	−70.4	Brookset et al.,1986
Green 峡谷	水合物	>99	−69.2,−66.5	Brookset et al.,1986
Green 峡谷	水合物	62,74,78	−44.6,−56.5,−43.2	Brooks et al.,1986
密西西比峡谷	水合物	97	−48.2	Brookset et al.,1986
里海	水合物	59~96	−55.7~−44.8	Ginsburg et al.,1992
DSDP 84 航次	沉积物	>99	−71.4~−39.5	Kvenvolden and McDonald,1985
DSDP 84 航次	水合物	>99	−43.6~−36.1	Kvenvolden et al.,1984
DSDP 84 航次	气水合物	>99	−46.2~−40.7	Brooks et al.,1985
布莱克海台				
DSDP 11 航次	沉积物	>99	−80~−70	Claypool et al.,1973
	沉积物	>99	−93.8~−65.4	Kvenvolden and Barnard,1983
DSDP 76 航次	气水合物	>99	−68.0	Galimov and Kvenvolden,1983

续表 5-2

地区	样品种类	甲烷浓度/%	碳同位素/‰	数据资料来源
ODP 164 航次	气水合物	>99	−69.7～−65.9	Matsumoto et al.,2004
Mallik 地区	冻土沉积物	>99	−48.7～−39.6	Uchidaet et al.,1999
日本南海海槽	气水合物	>99	−66.4～−70.5	Waseda and Uchidaet,2004
日本上越盆地	气水合物	>99	−40.0～−30.0	Matsumoto et al.,2011
郁陵盆地	气水合物	>99	−67.9～−62	Kim et al.,2011

微生物成因气是由微生物分解有机质产生的,产生微生物气主要有两种途径：二氧化碳还原和发酵作用。尽管发酵是现代环境气体产生的途径,但二氧化碳还原是形成古代气体聚集最主要的方式。需要还原产生甲烷的二氧化碳主要来自于氧化作用和原地有机质热分解。这样,需要大量的有机质来形成微生物成因的甲烷。对于布莱克海台的地质条件,如果所有的有机质转化为甲烷,平均 1% 有机碳含量的海洋沉积物可以产生足够的气体,孔隙度达 50%,孔隙空间中水合物的饱和度达 28%。但有机碳向甲烷的转化率达到 100% 是不可能的。美国地质调查局 1995 年评估水合物资源时假设了一个较低的转化率 50%,水合物形成的最小有机碳含量为 0.5%。由于大部分沉积层中有机碳含量相对较低,仅靠水合物稳定带内微生物成因气不适于形成十分富集的水合物矿藏。Paull 等(1996)指出海洋沉积层中的气体循环和深部气源向上运移对形成高富集的天然气水合物成藏非常重要。一旦水合物稳定带形成,微生物气体可以由稳定带底部和相同深度上持续产生的循环天然气体聚集得到,其中布莱克海台最为典型(Paull et al.,1996)。南海神狐海域也存在着大量的细粒沉积物,关于细粒沉积物的成藏作用,我国水合物专家也有大量研究(吴时国等,2015；吴能友等,2017；Zhang et al.,2017)。

热解成因气是在干酪根发生热解变化时产生。在早期的热成熟阶段,热解甲烷跟其他的烃类以及非烃类气体一块产生,常常与原油联系在一块。在热成熟阶段,甲烷通过干酪根、沥青和原油中的碳键断裂形成,随着温度升高,不同的烃类在各自最佳的温度窗内形成,甲烷最佳形成温度为 150℃。如上所述,世界上大部分采集的天然气水合物样品中的气体来自微生物成因气,但里海、墨西哥湾、北阿拉斯加、加拿大马更些三角洲、堪斯比亚和北海等海区重新认识到高富集天然气水合物矿藏形成时热解气源的重要性。

天然气水合物储层的物理性质存在很大的差异(Sloan and Koh,1998)。水合物主要以如下 4 种形态存在于沉积物中：①海洋沉积物的孔隙空间；②呈球状分散在细粒沉积物(胶结物或孔隙)中；③充填在裂隙中；④块状的固态水合物。大部分的野外勘探表明高富集的水合物主要受裂隙或粗粒的沉积物控制,水合物填充在裂隙中或者分散在富砂岩储层的孔隙中(Jaiswal et al.,2012)。从天然气水合物资源量金字塔形分布模型看出,4 种不同类型的水合物资源量相对大小和可供开发的潜力存在差异(图 5-2)。最有开发前景的产层位于金字塔顶部,是以砂岩为主的储层,技术上最有挑战性的产层是位于底部的低渗透率沉积物。

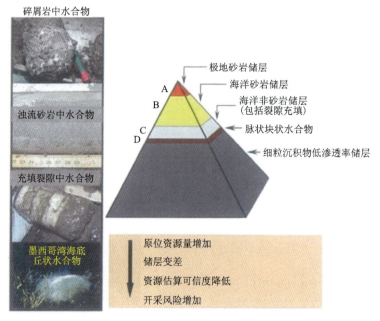

图 5-2 不同储层的天然气水合物的资源量呈金字塔分布(据 Boswell and Collett,2006)

天然气水合物分布在陆坡区,这一海洋环境中存在海底峡谷水道、水下三角洲等砂岩储层水合物仅次于极地砂岩储层,具有良好的资源前景。已发现的海洋砂岩储层的水合物饱和度为中等到高浓度的水合物矿藏。美国能源矿产研究所认为墨西哥湾地区砂岩储层中的天然气水合物矿藏含有大约 190 万亿 m^3 的天然气(Wang et al.,2018)。而且,研究表明天然气水合物稳定带内浅层沉积物中储层质量好的砂岩中水合物资源量大于以前评价的资源量。填充在裂隙系统中的水合物也是具有较大开发前景的一类水合物矿藏。与未固结和低渗透率泥岩相比,砂岩系统中颗粒支撑的储层骨架具有较高的渗透率和较大的孔隙度,砂岩储层是未来进行气体开采的远景区,砂层能有效地传递压力和温度到水合物层,释放的气体能够聚集在井内。泥岩或泥岩裂隙中富集的甲烷水合物的开采会遇到更多的问题,将来需要在现代生产基础之上的技术来开采以裂隙为主的天然气水合物矿藏。

流体运移是水合物形成和分布的重要控制因素之一。高浓度水合物含有大量热成因和生物成因气体,大多数情况下,水合物稳定带内产生的生物成因气体并不能满足水合物聚集需要的气体含量。由于水合物埋藏浅,地层温度不足以产生热成因气体。大陆边缘深水区含丰富的油气资源,构造运动导致油气储层受到破坏,大量的气体向上渗漏到水合物稳定带,从深部运移的气体是水合物成藏系统中的一个关键条件,为水合物的形成提供充足气源。甲烷及形成水合物的其他气体组成主要通过 3 种方式运移:①扩散;②溶解于水中,与水一起运移;③气体相在浮力作用下运移。扩散方式运移气体速率非常慢,在大多数情况下扩散运移的气体不能形成高浓度水合物。溶解气或者气体相水合物通过对流方式运移气体是水合物形成的一种重要气源。对流运移的气体与水合物生成之间的关系主要包括两种模式。一种是水(包括甲烷的溶解液体相和其他气体)被运移到水合物稳定带,上升的流体遇到降低的甲烷溶解度,甲烷气体析出生成水合物。大量野外和实验室观测表明只有当孔隙水中溶解的甲烷气体超过溶解度时才能形成水合物。在海洋系统中,甲烷渗漏在海底不活跃地区内不能生成水合物。另一种模型是甲烷气体以气泡相(或气体相)方式向上运移到水合物稳定带,水合物在气泡和孔隙水界面处结晶生长。两种模式均需要水/气体相(气泡)沿可渗透路径的运移,气体相运移模式比溶于水的运移模式需要相对强的流体运移通道。沉积物中孔隙水流和气泡相气体运移通过聚集流体沿着断裂系统或者可渗透的孔隙介质进行运移,因此如果缺乏有效的运移通道,就不能形成大量水合物。

地层聚集流体(focused flow)运移是深水沉积盆地中常见的一种流体运移方式,应用 3D 地震资料、多波束资料可以识别出小规模流体运移。流体可以沿着不同通道侧向和垂向运移,如断裂、底辟、麻坑、多边形断层、烟囱、管状通道、不整合面、侵蚀面、砂岩侵入体等(Sun et al.,2012)。地层孔隙空间中含有少量气体将使沉积层声波阻抗迅速降低,出现亮点、暗点、平点等振幅异常反射,地震反射轴呈下拉、上拱、不连续性、杂乱反射和局部凹陷的异常特征(Zhang et al.,2018)。

深水盆地的水合物富集区域一般为未固结的沉积物,构造活跃区域断裂比较发育,但是深水盆地的水合物发育区,由于构造运动相对不活跃,断距大、延伸至海底的断裂并不发育。随着 3D 地震和高分辨率地震采集,利用 3D 地震成像技术,在深海盆地发现了大量裂隙,这种裂隙尽管断距小、穿透地层有限,但是分布广泛,如海底滑塌使沉积物发生变形,局部地层就可以产生活动断层或裂隙;沉积物快速堆积造成局部超压、底辟、气烟囱和火山活动,可使相邻地层发生变形或上拱,产生裂隙;同时矿物相变等原因形成的多边形断层等为流体从下部向水合物稳定运移提供通道。图 5-3 为琼东南盆地某地震剖面上给出的似海底反射层 BSR 与气烟囱、断层、多边形断层、河道、相变面、砂体等流体运移的成藏模式图。裂隙不但对水合物富集提供有利空间,而且可以使流体沿裂隙运移到相对高渗透率地层。

天然气水合物成藏时间也是一个很重要的控制因素。与常规油气系统类似,在天然气水合物油气系统中,这种性质的评估建立在了解水合物的形成时间和天然气的形成时间、微生物成因或者热解成因气源定位的基础上。因为天然气水合物成藏通常与水合物中气体来源密切相关,且天然气水合物可以形成自己的动态成藏系统,成藏时间相对年轻。水合物一般都有形成和分解,所以时间长短不是控制大部分天然气水合物聚集成藏的重要控制因素(Collett et al.,2012)。

天然气水合物成藏模式是研究水合物的重要内容。天然气水合物成藏系统是一个复杂的动态系统,天然气水合物随周围的环境(温度、压力、气体供应、盐度等)变化会发生分解反应(Torres et al.,2011)。Ⅰ型和Ⅱ型天然气水合物的稳定性是不同的,对周围环境变化的敏感程度也不相同,天然气水合物的动态变化对计算稳定域深度以及资源评价具有重要影响。目前对天然气水合物系统动态变化的研究往往将单一气体组分和晶体类型作为输入参数(Whiticar,1999;Wei et al.,2019),导致模型相对粗糙。天然气水合物成藏通常分为两种类型,一种是分散型,另一种是渗漏型(吴能友等,2017;宁伏龙等,2021)。

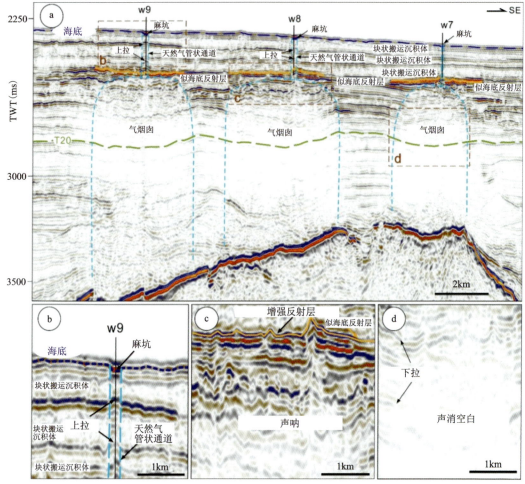

a. 穿过3个气烟囱的过井地震剖面;b. 地震剖面给出了麻坑和管状通道反射特征,亮点反射两侧地震相不同;
c. BSR和气烟囱的杂乱反射,箭头方向指示了BSR;d. 地震剖面下拉和振幅空白

图 5-3 琼东南盆地气烟囱相关的流体运移的成藏模式

第三节　南海天然气水合物勘探与研究

一、南海北部水合物勘探与试采现状

南海面积超过 350 万 km^2,最深水深超过 5000m,其北部边缘发育了五大沉积盆地,从西

到东包括莺歌海盆地、北部湾盆地、琼东南盆地、珠江口盆地和台西南盆地(Sun et al., 2013)。这些盆地的构造演化主要可划分为两大时期:始新世至渐新世的裂陷期和早中新世至第四纪的裂后期(Huang et al., 2003;Hu et al., 2003;Zhu et al., 2009),总体位于被动大陆边缘,仅台西南盆地受台湾造山影响。琼东南盆地位于南海北部大陆架西缘,其北与海南岛接壤,西与印支半岛相邻,东部则紧邻珠江口盆地,整体呈北东-南西向展布。盆地面积大于80 000 km^2,其中约60%区域处水深大于300 m(Liang et al., 2019)。盆地海底温度为2~3℃,除局部地区由于含气流体活动导致地温梯度较高(65~113℃/km)外,其他区域的平均地温梯度为40℃/km,由此可见,盆地绝大部分区域满足天然气水合物生成的低温高压条件,是水合物勘探与试采的理想场所(Yuan et al., 2009;Wang et al., 2015;Wei et al., 2019)。

国内的天然气水合物研究主要集中在我国南海和祁连山冻土带(宋海斌等,2003;刘昌岭等,2012;宁伏龙,2020;张伟等,2020;吴能友等,2020;卢海龙等,2021;王秀娟等,2021;祝有海等,2021;雷亚妮等,2022)。对2007年南海神狐钻探区天然气水合物进行拉曼光谱和气体化学分析,发现该区域天然气水合物全部为Ⅰ型,水合指数为5.9,气体主要成分为甲烷(>99%),气体主要是生物成因。对2015年和2018年的钻探样品进行精细拉曼光谱测试,发现琼东南和神狐海域均存在Ⅰ型和Ⅱ型天然气水合物共生的情况(Wei et al., 2019)。对珠江口盆地东部海域天然气水合物样品进行分析,判断天然气水合物类型为Ⅰ型,气体来源为生物成因。祁连山冻土区天然气水合物中的甲烷$\delta^{13}C$为$-52.6‰ \sim -48.1‰$,$C_1/(C_2+C_3)$为1~26,判断气体主要是热成因气,含有少量的生物成因气,拉曼光谱研究证实祁连山冻土带的天然气水合物为Ⅱ型。

东沙至琼东南盆地水深500~3500 m的广大陆坡区是南海北部水合物勘探的重点区域,广州海洋地质调查局将东沙、神狐、西沙和琼东南4个区块列为优先探查对象(何家雄,2021)。目前已经在中新世、上新世和第四纪地层中共发现BSR分布区26个(Wu et al., 2007;沙志彬等,2019;张光学等,2014;祝有海等,2021),BSR具有较强或较弱的振幅,在局部地区出现与地层的斜交。强振幅的BSR多出现在泥底劈、气烟囱等流体构造活跃的部位。弱振幅BSR的出现可能是与水合物下方的游离气含量过低所致。BSR指示了天然气水合物在南海北部陆坡的广泛分布。2007年、2013年、2015年和2016年,中国地质调查局组织实施了4次天然气水合物钻探工程,在神狐、东沙和西沙海槽等重点区域获得了水合物实物样品。钻探位置都选定在水深1000 m上下的大陆坡崎岖海底,钻探发现了细粒沉积物中呈分散状、脉状或透镜状的水合物,厚度达到20~100 m,水合物饱和度平均为20%。在神狐海域的多口井中也发现了砂体中的水合物充填于孔隙间,厚度10~50 m,局部饱和度高达75%。综合来看,南海北部发现最多的水合物样品分布在含有孔虫黏土或含有孔虫粉砂质黏土中,主要气源以微生物成因的甲烷为主,同时在东沙、神狐海域的多口钻井中也发现了热解成因的天然气水合物,证实了深部油气对浅层水合物生成的贡献。通过钻探,查明了南海北部天然气水合物资源的有利分布区,成功锁定几个重点富集区,为实施海域水合物试采提供了目标靶区。

在以上详尽细致的调查研究基础上,中国地质调查局于2017年5月组织在南海北部神狐海域实施了天然气水合物的第一次试采,试采在"蓝鲸一号"平台实施,目标层位为水深1266 m海底以下203~277 m的天然气水合物储层。试采运用了多项我国自主研发的突破性技术,首先通过降压法使泥质粉砂型储层中的水合物分解,然后通过地层流体抽取法将气、水、砂三相分离,顺利取出水合物分解释放出的天然气。截至 2017 年 6 月 2 日,已连续平稳产气 22d,最高日产 3.5 万 m^3,平均日产 $8350m^3$。安全评估和环境监测显示,试采过程中气流稳定,钻井作业安全,海底地层稳定,大气和海水甲烷含量无异常变化,我国首次海域天然气水合物试采成功。2020 年 3 月,中国地质调查局又在其东南侧组织进行了第二次试采,形成一套完整的开发和监测技术和装备(李贺等,2021;叶建良等,2021)。

二、我国水合物试采成功之路

我国水合物的研究,虽然起步较晚,但通过技术创新,实现了对细粒沉积物中水合物的试开采。了解水合物的人都知道,与常规油气开采相比,细粒沉积物中水合物开采有几个难点:一是在海底水合物以固体存在,二是水合物赋存浅,地层多为未固结,容易引起海底不稳定,三是细粒沉积物渗透率低。国际上在进行水合物勘查及试采中,优先选择砂岩储层,如日本在两次试采中都选择了海底的砂岩储层水合物,这种类型的水合物开采需要的技术难度相对较低。神狐海域试采运用了多项我国自主研发的突破性技术,将降压法和地层流体抽取法相结合,首先通过泵吸作用降低水合物储层的压力,打破相平衡条件,使水合物从固态分解相变为气体,然后利用流体抽取法将气、水、砂三相分离,从而顺利取出水合物分解释放的天然气。尽管砂岩型水合物因其高渗透率易于开采,但在海洋水合物储量中,细粒沉积物中水合物资源量占到 90% 以上,储量更大。这也是此次试采成功会受到高度关注的重要原因,突破了细粒沉积物中水合物储层开采的技术瓶颈,也就意味着我国可以对大部分的海底水合物实施开采。

水合物试采的成功建立在前期艰苦卓绝的调查研究基础之上。我国天然气水合物资源调查起步较晚,直到 20 世纪 90 年代初,我国学者才开始对海域天然气水合物进行调研性的工作。经过 20 多年的科技攻关,我国在水合物勘查技术、成藏理论以及基础物性研究等方面已经达到或接近国际先进水平,在水合物试采方面已经处于领先位置,这些成功的取得凝聚了以中国地质调查局为代表的多家国内单位和大量科研调查人员的大量心血。通过前期的地球物理调查研究和野外钻探,建立了南海水合物成藏理论和资源评价技术,查明了南海北部水合物的有利分布区,锁定了南海北部海域水合物的富集区。创新针对细粒沉积物中水合物的钻采技术研究,开展水合物分解、试采对土层评价性影响研究,为水合物试采及安全评价提供基础力学参数。

三、水合物的社会经济效益

神狐海域水合物首次试采的成功极大地振奋了国人大众的爱国之心,但在信息传播过程中,我们注意到一些报道为博眼球,肆意夸大,有违科学根本,反而为此有历史性意义的突破带来负面影响。这些报道的着眼点在于天然气水合物的能源意义和经济价值,因此正确认识其能源意义和经济价值有助于大众全面了解天然气水合物。一方面，天然气水合物是一种非常规的天然气资源，从开采过程可以看出，在现有技术条件下，一般是通过降压或者注热等方法使水合物发生相变，抽取到地面的是分解后的天然气。作为能源，天然气水合物具有高能量密度的特点，在标准状况下，1体积的甲烷水合物可以释放出164体积的甲烷气体。与常规油气相比，天然气水合物资源分布范围更广，在水深超过300m的海底沉积物和陆上冻土带都有发育。全球的水合物资源总量尚难确定，据Sloan(2003)估计，仅海域中水合物含有的甲烷量可达2500万亿 m^3，这个资源量不容小觑，这也是国际上许多国家投入水合物调查研究的主要驱动力。另一方面，试采成功并非商业开采，不会立即转化为经济效益。试采成功意味着在现有技术条件下可以成功开采出水合物，但距离商业开采或者普通居民的使用还有很长的路要走。尽管常规化石燃料已经开采了近一个世纪，不时有专家提出石油的枯竭问题，但不可否认未来一段时间内，常规油气仍然占据世界能源格局的重心。即使如此，对非常规油气或者新能源的研究仍是一项战略性投入。美国页岩气的成功是建立在数10年的开采技术研究之上，对于水合物的研究亦是如此，随着研究深入和技术革新成熟，未来开采水合物成本必定下降，届时，水合物的商业开采可能会改变世界能源格局。

关于水合物开发利用还有很长的路要走，一定要注重环境监测研究，可能这是制约水合物能不能利用的关键，甲烷是温室气体，会对海底环境和大气变暖产生不可估量的影响，如果这一关过不去，水合物就不能开采；其次，水合物的开采技术，目前的开采成本太高，需要开展不同类型天然气水合物储层研究和试采技术研究，研发不同类型水合物的储层评价技术和试采工艺，同时，要持续开展海洋环境调查与检测，评价水合物的环境效应，实现水合物绿色开采；最后，建议在水合物调查研究中，调动能源企业的积极性，为未来实现商业化开采铺好路(吴时国和王吉亮，2019)。

四、琼东南天然气水合物先导试验区

(一)琼东南盆地地质概况

琼东南盆地主要经历了神狐、珠江、南海、东沙四大构造运动，断裂较为发育，主要发育了3组不同方向的断裂：北东-南西向、近东-西向和北西-南东向，其中北东-南西向断裂全盆地皆有分布，北西-南东断裂集中在盆地西北角，而近东-西向断裂则主要位于盆地东部(Zhao et al.，2015；Huang et al.，2016；Su et al.，2018；Lai et al.，2021)。这些不同方向断裂构成的断裂体系控制了盆地形态，将盆地进一步分为北部坳陷带、中央坳陷带和南部隆起带3个二级构造单元，使盆地整体呈现出"东西分块、南北分带"的构造格局(周杰等，2020；徐立涛等，2021)。

盆地基底主要由前古生代的沉积岩、火成岩和变质岩组成(Zhu et al.，2008)。沉积地层主要由古新世、新近纪和第四纪地层组成，古新世地层自下而上主要为始新世(崖城组)和渐新世地层(陵水组)，新近纪地层则包括中新世(三亚组、梅山组、黄流组)和上新世地层(莺歌海组)，第四纪的乐东组(Xie et al.，2009)。早渐新世崖城组为沼泽-滨海平原相，陵水组至梅山组为滨海-浅海相,黄流组至乐东组为半深海-深海相(邵磊等,2010;Zhang et al.,2018)。经勘探证实,始新统和渐新统崖城组是盆地生烃的主要烃源岩,崖城组含煤地层是主要气源岩(Zhu et al.,2009,2012;Long et al.,2012;李文浩等,2011;杨涛涛等,2013)。盆地水合物储层主要位于第四系乐东组,主要由半深海——深海的黏土质粉砂和粉质黏土组成的未成岩沉积物,富含生物碎屑(Zhang et al.,2018;Wei et al.,2019)。

(三)水合物类型

天然气水合物在地下的赋存的多样形态导致其划分方式繁多,直至2008年,Holland根据各国的水合物勘探报告将水合物的赋存类型划分为2类:孔隙充填型和裂隙充填(也称颗粒驱替型)才得到广泛认可(Holland et al.,2008;刘涛,2019)。裂隙充填型水合物是指水合物充填在超压流体迫使沉积物张开而形成的裂隙中,使得裂隙的形状控制着水合物的形状,使水合物呈现出瘤状、脉状、层状、块状等多种不规则形状(Sassen et al.,2001;Ghosh et al.,2010;Collett et al.,2012;Wang et al.,2018)。孔隙充填型水合物是指水合物充填在沉积物的孔隙中,替代孔隙流体占据孔隙空间(Lee et al.,2008,2009)。下面详述琼东南盆地这两种类型水合物的测井响应特征与地震剖面特征,为琼东南盆地水合物的研究与勘探开发提供参考。

(三)水合物识别

1. 岩心识别

以往研究认为琼东南盆地均为裂隙充填型水合物,但广州海洋地质调查局的最新钻探结果表明琼东南盆地也存在孔隙充填型水合物(Liang et al.,2019;Wei et al.,2019;王秀娟等,2021;Meng et al.,2021)。琼东南盆地目前发现的裂隙充填型水合物主要富集于深水区的松南低凸起上,其附近存在2个生烃凹陷,分别为陵水凹陷、北礁凹陷,广海局最近发现的两口含孔隙充填型水合物钻井皆位于陵南低凸起上,其两侧分别为陵水凹陷、北礁凹陷,这些生烃凹陷为水合物的形成提供充足的气源(张伟等,2020;Meng et al.,2021)。

天然气水合物的岩心识别及其赋存类型的判断是进行水合物研究的基础,对于水合物岩心识别及其赋存类型的判断,目前主要使用3种方法:①岩心直接观察;②X射线CT扫描;③红外热扫描(Holland et al.,2008;Liang et al.,2019;Wei et al.,2019;刘涛,2019)。W08井、W09井是位于松南低凸起上的两口含裂隙充填型水合物的典型井,W01井、W03井是位于陵南低凸起上的两口含孔隙充填型水合物的典型井。两种赋存类型的水合物在岩心中存在明显差异,裂隙充填型水合物在岩心中肉眼可见,水合物呈白色不规则充填于裂隙中(图5-4A～C),而孔隙型充填水合物无法直接在岩心中肉眼识别其存在(图5-4B)。

X射线CT扫描技术与红外热扫描能准确地识别水合物的存在,在红外热扫描下,由于水合物溶解吸收热量,导致水合物富集段呈现低温异常(图5-4A),而在X射线的CT扫描下,由于沉积物和水合物对X射线的吸收程度不同导致沉积物较暗而水合物较亮。图5-4C显示水合物富集段低至5.4℃。

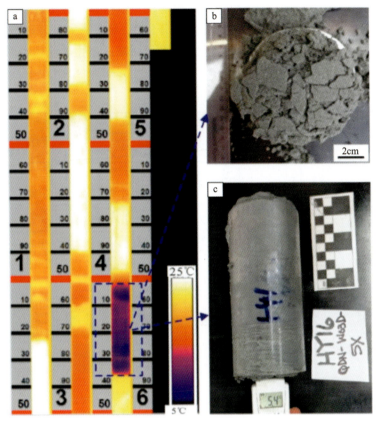

图 5-4　岩心样品中孔隙充填型水合物(据 Meng et al.,2021 修改)

2. 两种类型水合物的测井响应

赋存在沉积物中的天然气水合物改变了沉积物的弹性、电性等物理性质,使其与背景沉积层形成明显差异,造成有别于背景沉积层的测井响应特征(Waite et al.,2009;王吉亮等,2017)。目前研究表明,无论是含哪种类型的水合物,与不含水合物的沉积物相比,含水合物沉积物皆具有以下 3 个测井响应特征:高电阻率、高纵波速度、略微降低的密度(Collett et al.,2012;王秀娟等,2021)。尽管位于水合物之下的游离气也会增加电阻率,但游离气的存在显著降低了沉积物的纵波速度(Lee and Collett,2008),这是区分游离气和水合物的重要标志。虽然两种类型水合物皆表现出上述 3 种测井响应特征,但由于两种类型水合物形成时的不同充填方式,两者的测井响应值仍存在较大差异(图 5-5)。因此了解琼东南盆地两种类型水合物的测井响应特征及值域对该区域后续水合物研究具有重要意义。

图 5-5 中 W8 井 9~174mbsf 赋存块状、层状、瘤状等多种形态的裂隙充填型水合物,其测井响应特征表现为:①电阻率增大最高值至 73Ω·m;②纵波速度增加,值域为 1465~2060m/s;③密度略微降低,平均约为 1.6g/cm³ (Ye et al.,2019)。W1 井存在 3 套天然气水合物层,其中 5.2~43.2mbsf 与 64.2~118.2mbsf 皆为含裂隙充填型水合物层,其平均电阻率约为 14Ω·m,最大电阻率为 157.43Ω·m;而 52.2~64.2mbsf 为含孔隙充填型水合物层,其平均电阻率为

18.7Ω·m,最大电阻率为313.93Ω·m(Meng et al.,2021)。此外,与含裂隙充填型水合物的沉积层相比,含孔隙充填型水合物沉积层具有以下特征:粒度更大(以细砂岩层而非以黏土为主的泥岩层,表现为自然电位降低)、密度更大(因水合物占据孔隙流体空间而非驱替沉积物颗粒)、纵波速度更高、电阻率更高。

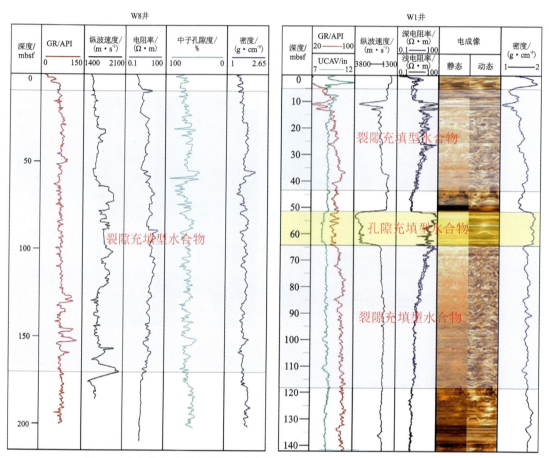

图 5-5　琼东南盆地裂隙充填型水合物与孔隙充填型水合物的测井响应特征

(据 Ye et al.,2019;Meng et al.,2021 修改)

3. 水合物富集区的地震识别特征

BSR 是含水合物地层与下伏游离气地层的波阻抗差引起的地震反射面,具有强振幅及海底反射界面极性相反的特点,通常被认为是水合物稳定带底的指示标志(Sloan,2003;Boswell et al.,2012;王吉亮等,2017)。尽管 Majumdar(2016)通过墨西哥湾北部 788 口工业井的测井数据证实 BSR 与水合物的存在并无绝对关系,但也发现在 BSR 内的钻井中发现天然气水合物的概率增加了 2.6 倍,且与 BSR 外发现的水合物相比,BSR 内的电阻率更高,水合物层更厚,因此 BSR 对于天然气水合物勘探仍具有重要意义。

与国外含裂隙充填型水合物的印度孟加拉湾及含孔隙充填型水合物的墨西哥湾不同,我国琼东南盆地两种类型水合物富集区的 BSR 皆平行于地层,较难识别。

图 5-6 是孔隙充填型水合物富集区陵南低凸起上的一条地震剖面,其中 W1、W3 井含水合物,W4 井未发现水合物,其 BSR 依据剖面特征与计算深度(190~290m)确定。该区域 BSR 连续性较好,为中—强振幅,BSR 上方无明显振幅空白区发育,其上地层包含多组连续强反射,认为是多组不同速度的天然气水合物矿体的叠加导致(Meng et al.,2021)。BSR 下方存在游离气,气烟囱地震特征明显。

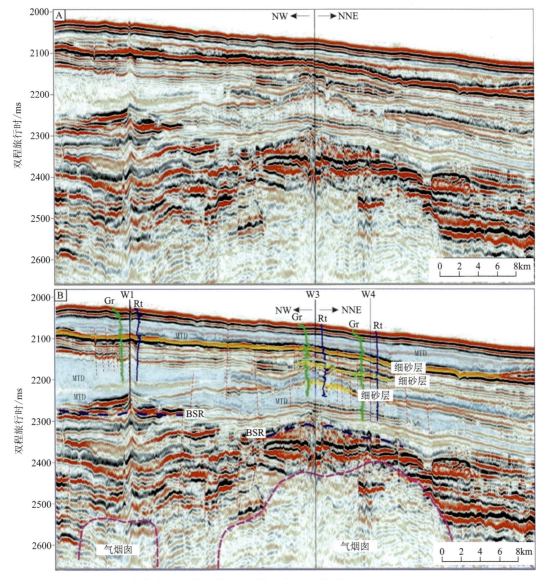

图 5-6 琼东南盆地孔隙充填型水合物富集区地震剖面(据 Meng et al.,2021 修改)

图 5-7 是裂隙充填型水合物富集区松南低凸起上的一条地震剖面,其中 W8、W9 井含水合物,W7 井未发现水合物。该区域 BSR 表现为强振幅,连续性较好但横向延伸有限。与陵南低凸起类似,该区域 BSR 下方也存在游离气且气烟囱地震特征明显。

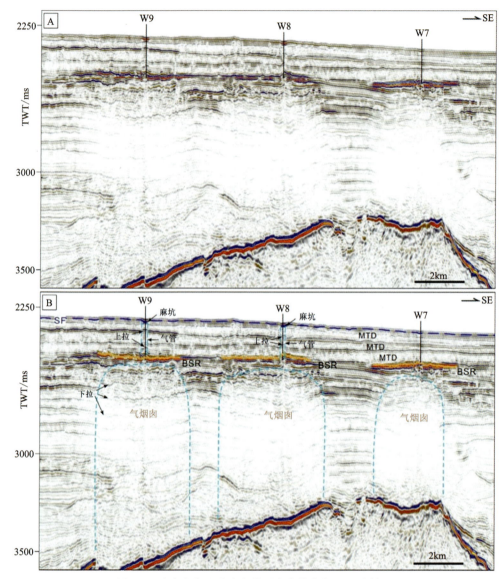

图 5-7 琼东南盆地孔隙充填型水合物富集区地震剖面

五、琼东南盆地水合物成藏规律

有关研究表明,琼东南盆地的水合物具有富集在气烟囱、气体管道等天然气渗漏通道附近且海底出现麻坑、海底丘状体、冷泉等渗漏现象的特点,因此被划分为渗漏型水合物(Ye et al.,2019;张伟等,2020)。目前对于陵南低凸起上的孔隙充填型水合物富集成藏规律研究较少,仍需进一步研究,但前人在对钻探、测井、地震等资料分析的基础上,对于松南低凸起上的裂隙充填型水合物富集成藏规律已经有较全面的认识。

(一)盆地水合物的气源及成因

气源是水合物成藏中的重要因素。目前研究表明琼东南盆地由深层烃源岩生成的热解气和浅层有机质产生的微生物气共同为水合物成藏提供气源。图5-8也表明松南低凸起裂隙充填型水合物具有浅部生物气及深部热解气双重供给特征,其中主要为深部烃源岩形成的热解气。深部烃源岩主要为始新统湖相烃源岩,以及渐新统崖城组和陵水组的泥岩(李绪宣等,2006)。其中,始新统湖相烃源岩有机质丰度较高,总有机碳TOC平均值为1.6%~1.95%,生烃潜力大(张伟等,2015);崖城组和陵水组烃源岩的有机质丰度也较高,若不考虑煤层,泥岩TOC含量为0.33%~3.8%,平均值大于1.0%(杨金秀等,2019)。前人对琼东南盆地烃源岩成熟度的研究表明,始新统烃源岩与崖城组烃源岩的有机质成熟度分别为0.5%~2.0%与0.5%~1.6%。李文浩等(2011)对盆地浅层气体进行的分析测试与海马冷泉的发现皆表明盆地浅部存在生物气。

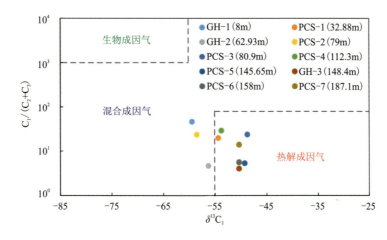

图5-8 琼东南盆地W8井水合物气体成因类型图(据Ye et al.,2019)

综合前人研究,从该区钻探结果及气源分析来看,琼东南盆地松南低凸起裂隙充填型水合物中的天然气由深到浅主要有四大气源:①深部烃源岩层——勘探结果已证实,始新统和渐新统崖城组是盆地生烃的主要烃源岩,崖城组含煤地层是主要气源岩(Zhu et al.,2009,2012;Long et al.,2012);②松南低凸起潜山气藏——中海油湛江分公司的钻探结果表明松南低凸起下方的中生界花岗岩潜山Y8-3构造存在气藏,并已钻获厚度超百米的优质气层,天然气日产量超过百万立方米(杨希冰等,2021);③中部中央峡谷水道气藏——位于松南低凸起西侧的陵水凹陷靠近陵水18气田,已有大量研究及钻探结果表明,中央峡谷水道内部存在气藏;④浅部生物气——琼东南盆地内生物气主要分布于松南凹陷和宝岛凹陷一带,产生生物气的地层主要为第四系及新近系上新统和中新统上部(李文浩等,2011)。

天然气水合物主要有生物成因和热成因两种气体来源。生物成因气是厌氧微生物通过新陈代谢形成的,通常称它们为产甲烷微生物(Whiticar et al.,1986)。由于深部沉积物温度较高,产甲烷微生物无法生存,因此微生物的含量通常随着埋深增大而减少。但有机物可以在高温环境下裂解形成甲烷和其他烃类,通过这个过程形成的气体称为热成因气。生物成因和热成因气可以通过气体组成和稳定同位素来识别。生物成因气中甲烷通常占主导地位,$C_1/(C_2+C_3)$通常远远高于1000,且甲烷稳定碳同位素($\delta^{13}C$)比热成因气低。气体组分和稳定同位素通常组合在一起通过经验图版判定生物成因和热成因气(Whiticar,1999;Bernard et al.,2005)。

在世界多数地区,生物成因气是海洋沉积物中甲烷的主要来源,例如布莱克海台(Paull et al.,1996)、水合物脊、Nankai海槽和刚果-安哥拉盆地等。含有热成因气的天然气水合物分布没有生物成因气广泛,在墨西哥湾(Klapp et al.,2010)和南海琼东南海域(Wei et al.,2019)广泛存在。目前天然气水合物系统的气源通常被作为一个整体进行研究,而在实际情况中不同埋深的气体来源可能存在巨大差异,针对不同层位天然气水合物的气源精细判识仍然较少。

天然气水合物只有在低温高压的情况下才能稳定存在,当周围环境(温度、压力、气体组分、盐度等)发生变化的时候,天然气水合物会出现形成、分解等相态变化(Ruppel et al.,2005;Sultan et al.,2014)。天然气水合物稳定域的底界为下伏游离气与上覆天然气水合物的界面,在地震反射剖面上呈现为似海底反射(BSR)。目前已在自然界中发现双BSR现象,主要是由于稳定域底界的温度、压力等发生变化,引起天然气水合物分解,使底界面向上移动,体现了天然气水合物系统的动态变化特征。

(二)水合物成藏的输导体系

除温压条件外,气源的供给决定了天然气水合物的资源量大小与分布规律(Baba et al.,2010;Boswell et al.,2012;Horozal et al.,2017)。目前对琼东南盆地松南低凸起上的水合物研究表明该区域的流体通道主要包括4种类型:断裂体系、多边形断层、气烟囱和气管类以及大型不整合面(Zhang et al.,2018;Liang et al.,2019;徐立涛等,2021)。地震剖面指示该区域深部的流体通道主要为大断层及基底断层组成的断裂体系,中部则主要为多边形断层与小断层组成的断裂体系,松南低凸起上方则发育气烟囱,BSR之上的浅部存在水合物渗漏至海底的气体管道。

(三)松南低凸起裂隙充填型水合物成藏规律

目前国内已有许多学者或结合不同的地震、测井、地球化学等资料,或结合数值模拟方法在琼东南盆地松南低凸起附近区域建立了不同的裂隙充填型水合物的成藏模式(Zhang et al.,2018;Liang et al.,2019;Ye et al.,2019;杨金秀等,2019;张伟等,2020;杨希冰等,2021)。这些模式根据不同资料与方法建立,虽互有补充但也有不少共同之处,本文对其加以总结成如下水合物成藏规律。浅部生物气与深部热解气在气源及运聚过程中的主要流体通道存在较大差异,浅部生物气由浅部储层及附近水道储层供给,主要通过不整合面及块体搬运沉积(MTDs)界面侧向运移至储集层聚集形成水合物;深部热解气则由崖城组气源岩、松南低凸起基底潜山气藏及中央水道岩性气藏供给,通过松南低凸起基底大断裂运移至中部后,经松南低凸起顶部气烟囱、中央峡谷边界、北礁凹陷中深部大断层和中浅部多边形断层等通道运移至 BSR 上，形成浅部细粒黏土质粉砂水合物。大量气体在下方的气烟囱集中向上运移导致未进入水合物稳定域的气体在气烟囱顶部汇聚，成了强反射 BSR；而气烟囱两侧无气体集中运移通道，无法引起气体的汇聚，并未形成 BSR。进入水合物稳定域的其中一部分气体通过气管继续向上运移至海底，气体渗漏造成海底地表塌陷形成麻坑。BSR 之上的 MTDs 对水合物不仅有遮挡作用，同时也是水合物储集层段。除经气管向上渗透至地表的气体外，深部热解气和浅部生物气经过不同的流体通道运移至 BSR 之上后，在松南低凸起上的三期 MTDs 的裂隙中继续运移，最终优先储集在三期 MTDs 中相对粒度更大、孔隙更发育的层段，形成较高饱和度裂隙充填型水合物储集层。

结 束 语

南海是海南重要的资源基础,充分掌握南海油气资源基础情况,为海南自由贸易港油气产业发展摸清资源家底,显得尤为重要。本书对南海的资源情况进行了总结概括,得到了以下几点认识。

(1) 南海地形同心圆式三层环状结构明显:最外一环是陆架(岛架),水深在200～250m之间,地形变化不大,地势较为平坦,发育有水下阶地、河口三角洲、水下浅滩、水下古河谷、水下沙坝、垄岗等;中间一环是大陆坡(岛坡),水深在200～3800m之间,是南海分布最广的地貌单元,海底构造复杂,地形起伏很大,并发育有海底高原、海山、海丘、海槽、海沟、海谷等地貌类型;最内一环是深海盆地,位于南海中央偏东,亦呈扁菱形,周边被大陆坡和岛坡环绕,发育有深海平原、海山、海沟、海槽、海洼等地貌。

(2) 南海地质资源丰富,岛礁资源主要有海南岛及周边岛屿、西沙群岛、中沙群岛、南沙群岛;陆域矿产资源88种,海域矿产资源60余种,海南岛周边珊瑚礁面积140.04 km^2;地质旅游资源有喀斯特地质景观资源、丹霞地质景观资源、水体地质景观资源、火山地质景观资源、海岸带地质景观资源。南海海域主要发育22个含油气盆地,累计面积约112.204 5万 km^2,预测的地质资源量为石油266.42亿t,天然气44.545 3万亿 m^3,天然气水合物大于800亿t油当量。

(3) 南海北部新生界地层发育齐全。其中莺歌海盆地和琼东南盆地新生代地层一致,不同点是莺歌海盆地古近系较薄,新近系巨厚,琼东南盆地古近系厚度比新近系厚度大。北部湾盆地新生界具有二元结构,古近系主要为陆相断陷沉积,断层非常发育,钻遇最厚为4777m;新近系微披盖沉积,主要发育海相地层,钻遇最厚为2300m。珠江口盆地新生界厚度最大逾万米,古近系厚,新近系薄,第四系小于400m,具有典型的双层结构。台西南盆地较早发生沉陷作用,始于前古近纪,但其后又发生短暂的抬升剥蚀,始新世开始再次沉降接受沉积,最大沉积厚度达万米以上。地层自下而上有古近系古新统、始新统、渐新统,新近系中新统、上新统。南海南部地层中第四纪、上新世、晚始新世、新生界的底在地震剖面上已统一,其他界面划分有所差异。根据地层特点和解体不整合的发育时代,南海南部海域盆地发育特征东、西不同,与南海北部具有一定的对应关系。

(4)南海地质构造以欧亚板块为一级构造单元,以地块拼接带划分为9个二级构造单元;以主要的走滑断裂等构造边界划分为若干三级构造单元。不同构造区域之间的构造运动在形式上、时间上不尽相同,既相互作用又保持一定的独立性。南海岩浆活动发育时期主要有中生代的燕山期和新生代的喜马拉雅期,其中中生代燕山期的岩浆活动主要以中酸性为主,新生代喜马拉雅期的岩浆活动则以强烈的基性、超基性为主。与中生代南海形成演化密切相关的构造运动为燕山运动;新生代分别为神狐运动(礼乐运动)、珠琼运动(西卫运动)、南海运动、白云运动、南沙运动、东沙运动(万安运动)和台湾造山运动。南海的构造断裂从平面展布特征大致分为北东向、北西向、近南北向和近东西向,北东向断裂多为张性断裂,北西向和近南北向断裂多为剪性断裂,近东西向断裂以张性为主。从力学性质可分为张性断裂、剪性断裂和压性断裂。断裂活动主要集中在晚中生代—新生代。

(5)南海北部发育新生代被动大陆边缘盆地,古近纪以来,主要经历了裂谷断陷期、后裂谷热沉降坳陷期及新构造活动期三大发展演化阶段,形成了下断上坳的盆地剖面结构特征,进而控制了区域构造演化及沉积充填特点与油气富集成藏的基本地质条件。珠江口盆地主力烃源岩为文昌组、恩平组,发育陆相、海相两大套储盖组合;成藏模式主要为垂向断层疏导+源区内浅部低压区复式成藏、长距离侧向运移+源区外背斜/构造隆起成藏、垂向运聚+次生构造-岩性成藏3种类型。琼东南盆地浅水区主力烃源岩为渐新统煤系烃源岩,发育以"钻石组合""黄金组合"为主的5套储盖组合,成藏模式为低凸起带上构造+地层复合成藏。深水区主力烃源岩为渐新统煤系烃源岩、始新统湖相烃源岩,发育7套区域储盖组合,成藏模式可以概括为中央峡谷领域综合成藏模式,即以水道砂为储层、断裂和中央底辟为垂向运移,连片厚层砂体为侧向输导,在凹陷斜坡带形成油气聚集。莺歌海盆地主力烃源岩为中新统海相烃源岩,发育3套储盖组合,主要成藏模式为中央底辟带成藏模式,天然气通过底辟密集的垂向束装疏导断裂输送至浅部砂体聚集成藏。北部湾盆地主力烃源岩为流沙港组,发育6套储盖组合,主要成藏模式主要为"纵向多层系、横向分布广"、碳酸盐岩潜山"间接接触单向供烃"和凹中隆"直接接触多向供烃""源内横向运移—垂向有限调节"3种。南海中南部发育新生代挤压性边缘盆地。主要发育古—始新统、渐新统、中新统3套烃源岩;主要发育3套生储盖组合,即滨浅海碳酸盐岩生储盖组合、海陆过渡相碎屑岩生储盖组合、海相碎屑岩生储盖组合;主要发育断块、断背斜、断鼻、披覆背斜等构造圈闭及碳酸盐台地、地层超覆、生物礁体等岩性圈闭。总体而言,南海中南部油气资源比北部丰富。其中南海北部预测的地质资源量为石油超过112.24亿t、天然气12.7869万亿m^3;中南部预测的地质资源量为石油约154.18亿t、天然气31.7584万亿m^3。

(6)南海中生界属于中生代盆地的残余沉积,在珠江口盆地的白云凹陷南部、东沙隆起西南侧以及西江凹陷与惠州凹陷北部、韩江凹陷北部都有中生代沉积地层,以及台西南盆地北部(澎湖-北港隆起南侧)。南海北部主要研究钻井为潮汕坳陷LF35-1-1井,该井揭示了厚约1500m的侏罗系—白垩系;中上侏罗统发育2套烃源岩,下部烃源岩为中等—好烃源岩,具备了成烃的物质基础,凹陷部位应当会存在更好的成烃环境。南海中南部主要发育在礼乐盆地、巴拉望盆地。南海中生界残余厚度最大可超过8000m。侏罗纪和早白垩世多为海相或海陆过渡相,晚白垩世多为陆相。礼乐盆地Sampaguita-1井钻遇的油气产自下白垩统及中始新统，下白垩统上部页岩段有机碳丰度在 0.4%～1.0% 之间，具中等—好的生气能力。

(7)2017 年 11 月 17 日，国务院批准天然气水合物成为我国第 173 个矿种。天然气水合物作为一种清洁高效的能源，被认为是 21 世纪的替代能源。我国南海蕴藏着丰富的天然气水合物的资源，其潜力的挖掘、有效利用已经成为我国前沿科学的热点话题。我国天然气水合物资源调查起步较晚，1999 年以来，中国地质调查局广州海洋地质调查局(以下简称"广海局")在珠江口盆地神狐等海域钻取天然气水合物实物样品，发现超千亿立方米天然气水合物矿藏。2017 年 3—5 月，广海局首次在神狐海域成功实施天然气水合物试采，试采连续稳产 60d，累计产气量 30.9 万 m^3；2020 年，广海局在南海神狐海域实施第二轮试采，攻克深海浅软地层水平井钻采核心技术，实现持续产气 42d，创造了累计产气总量 149.86 万 m^3、日均产气量 3.57 万 m^3 世界纪录，从"探索性试采"跨入"试验性试采"，向产业化迈出重要步伐。经过 20 多年努力，我国已在南海圈定天然气水合物 12 个有利远景区、19 个成矿区带，预测资源量 744 亿吨油当量。琼东南盆地水合物具有富集在气烟囱、气体管道等天然气渗漏通道附近且海底出现麻坑、海底丘状体、冷泉等渗漏现象的特点。目前研究结合不同的地震、测井、地球化学等资料，表明琼东南盆地存在孔隙充填型水合物，主要富集于深水区的松南低凸起上，并且由深层烃源岩生成的热解气和浅层有机质产生的微生物气共同为水合物成藏提供气源，通道主要包括 4 种类型：断裂体系、多边形断层、气烟囱和气管类以及大型不整合面。虽然目前我国对于琼东南盆地的松南低凸起上的裂隙充填型水合物富集成藏规律已经有较全面认识，但是对于琼东南盆地的其他区域，例如陵南低凸起上的孔隙充填型水合物富集成藏规律研究较少，仍需进一步研究。

主要参考文献

曹敬贺,孙金龙,徐辉龙,等,2014.珠江口海域滨海断裂带的地震学特征[J].地球物理学报,57(2):498-508.

陈飞,宋家伟,傅人康,等,2017.南海古体矿产资源潜力调查评价成果报告[R].海口:海南省海洋地质调查研究院.

陈汉宗,吴湘杰,周蒂,等,2005.珠江口盆地中新生代主要断裂特征和动力背景分析[J].热带海洋学报(2):52-61.

陈洁,温宁,李学杰,2007.南海油气资源潜力及勘探现状[J].地球物理学进展,22(4):1285-1294.

程世秀,李三忠,索艳慧,等,2012.南海北部新生代盆地群构造特征及其成因[J].海洋地质与第四纪地质,32(6):79-93.

冯志强,刘宗惠,王群,1998.香港东南海域的断层分布及潜在地质灾害分析[J].中国地质灾害与防治学报(S1):118-123.

宫贺晏,2014.珠江口盆地珠三坳陷构造演化及其对煤系烃源岩的控制[D].北京:中国矿业大学(北京).

古倩怡,李洪武,钱军,等,2017.海南大洲岛后港造礁石珊瑚的种类组成与分布[J].海南大学学报(自然科学版),35(4):366-371.

郭令智,钟志洪,王良书,等,2001.莺歌海盆地周边区域构造演化[J].高校地质学报(1):2-13.

国土资源部油气资源战略研究中心,2016.全国油气资源动态评价2015[M].北京:中国大地出版社.

海南省海洋厅调查领导小组编著,1996.海南省海岛资源综合调查报告[M].北京:海洋出版社.

何春民,2020.琼东南盆地深水区烃源岩地球化学特征、生烃演化及气源追踪[D].北京:中国科学院大学.

何家雄,刘海龄,姚永坚,等,2008.南海北部边缘盆地油气地质及资源前景[M].北京:石油工业出版社.

何家雄,宁子杰,赵斌,等,2020.南海天然气水合物资源勘查战略接替区初步分析与预测[J].地球科学,47(5):1-22.

胡高伟,李承峰,业渝光,等,2014.沉积物孔隙空间天然气水合物微观分布观测[J].地球物理学报,57(3):1675-1682.

黄保家,黄合庭,李里,等,2010.莺-琼盆地海相烃源岩特征及高温高压环境有机质热演化[J].海相油气地质(3):11-18.

黄保家,李俊良,李里,等,2007.文昌A凹陷油气成藏特征与分布规律探讨[J].中国海上油气:地质,19(6):361-366.

黄保家,李绪深,谢瑞永,2007.莺歌海盆地输导系统及天然气主运移方向[J].天然气工业,27(4):4-6.

黄保家,肖贤明,董伟良,2002.莺歌海盆地烃源岩特征及天然气生成演化模式[J].天然气工业,22(1):26-30 10+9.

黄晖,陈竹,黄林韬,2021.中国珊瑚礁状况报告(2010—2019)[M].北京:海洋出版社.

姜华,王华,李俊良,等,2008.珠江口盆地珠三坳陷断层特征及其对油气成藏的控制作用[J].石油实验地质,30(5):460-466.

姜华,王华,李俊良,等,2009.珠江口盆地珠三坳陷层序地层样式分析[J].海洋地质与第四纪地质(1):87-93.

解习农,李思田,胡祥云,等,1999.莺歌海盆地底辟带热流体输导系统及其成因机制[J].中国科学:地球科学,29(3):247-256.

雷亚妮,吴时国,孙金,等,2022.海洋天然气水合物综合地球物理识别方法评述[J].中南大学学报(自然科学版),53(3):864-878.

李才,杨希冰,范彩伟,等,2018.北部湾盆地演化及局部构造成因机制研究[J].地质学报,92(10):2028-2039.

李凡异,张厚和,李春荣,等,2021.北部湾盆地海域油气勘探历程与启示[J].新疆石油地质,42(3):337-345.

李辉,张迎朝,牛翠银,等,2015.南海北部珠江口盆地西区文昌B凹陷油气运聚成藏模式[J].海洋地质与第四纪地质,35(4):133-139.

李平鲁,梁慧娴,戴一丁,等,1999.珠江口盆地燕山期岩浆岩的成因及构造环境[J].广东地质,14(1):1-8.

李孙雄,云平,林义华,等,2017.中国区域地质志·海南省志[M].北京:地质出版社.

李文浩,张枝焕,李友川,等,2011.琼东南盆地古近系渐新统烃源岩地球化学特征及生烃潜力分析[J].天然气地球科学,22(4):9.

李绪宣,钟志洪,董伟良,等,2006.琼东南盆地古近纪裂陷构造特征及其动力学机制[J].石油勘探与开发,33(6):11-15.

李绪宣,朱光辉,2011.南海琼东南盆地天然气成藏动力学与地震识别技术[M].北京:地质出版社.

林长松,初凤友,高金耀,等,2007.论南海新生代的构造运动[J].海洋学报(中文版)(4):87-96.

刘宝明,金庆焕,1997.南海曾母盆地油气地质条件及其分布特征[J].热带海洋,16(4):18-25.

刘昌岭,孟庆国,李承峰,等,2017.南海北部陆坡天然气水合物及其赋存沉积物特征[J].地学前缘,24(4):41-50.

刘丽华,吕川川,郝天珧,等,2012.海底地震仪数据处理方法及其在海洋油气资源探测中的发展趋势[J].地球物理学进展,27(3):2673-2684.

刘睿,2016.莺歌海盆地东方区超压流体泄放及油气成藏效应[D].武汉:中国地质大学(武汉).

刘涛,2019.海域天然气水合物赋存类型的识别研究[D].北京:中国地质大学(北京).

刘以宣,钟建强,詹文欢,1994.南海北部陆缘地震带基本特征及区域稳定性初步分析[J].华南地震(4):41-46.

刘雨晴,吴智平,王毅,等,2020.北部湾盆地古近纪断裂体系发育及其控盆作用[J].中国矿业大学学报(2):11.

刘振湖,2005.南海南沙海域沉积盆地与油气分布[J].大地构造与成矿学,29(3):410-417.

龙根元,张匡华,瞿洪宝,等,2017.南海地质构造研究成果报告[R].海口:海南省海洋地质调查研究院.

卢海龙,尚世龙,陈雪君,等,2021.天然气水合物开发数值模拟器研究进展及发展趋势[J].石油学报,42:1516-1530.

马兵山,2020.南海北部珠江口盆地新生代构造特征及其演化[D].北京:中国石油大学.

马文宏,何家雄,姚永坚,等.南海西北次海盆新生代构造-沉积特征及伸展模式探讨[J].天然气地球科学,2008,19(1):42-48.

马云,李三忠,夏真,等,2014.南海北部神狐陆坡区灾害地质因素特征[J].地球科学,39(9):1364-1372.

米立军,张向涛,庞雄,等,2019.珠江口盆地形成机制与油气地质[J].石油学报,40(1):1-10.

宁伏龙,梁金强,吴能友,等,2020.中国天然气水合物赋存特征[J].天然气工业,40(8):1-24.

庞雄,陈长民,朱明,等,2006.南海北部陆坡白云深水区油气成藏条件探讨[J].中国海上油气,18(3):145-149.

彭学超,陈玲,1995.南沙海域万安盆地地质构造特征[J].海洋地质与第四纪地质,15(2):37-48.

钱星,张莉,吴时国,等,2017.南海西北次海盆构造演化的沉积响应[J].大地构造与成矿学,41(2):248-257.

秦春雨,2020.北部湾盆地涠西南凹陷古近系双层构造演化及沉积响应[D].武汉:中国地质大学(武汉).

邱燕,王立飞,黄文凯,等,2016.中国海域中新生代沉积盆地[M].北京:地质出版社.

邱燕,王英民,温宁,等,2005.珠江口盆地白云凹陷坡折区有力成藏组合带[J].海洋地质与第四纪地质,7(1):93-98.

权永彬.2018.珠江口盆地珠三坳陷湖相烃源岩发育机理及其成藏贡献[D].武汉:中国地质大学(武汉).

沙志彬,万晓明,赵忠泉,等,2019.叠前同时反演技术在珠江口盆地西部海域天然气水合物储层预测中的应用[J].物探与化探,43(2):476-485.

邵磊,李昂,吴国瑄,等,2010.琼东南盆地沉积环境及物源演变特征[J].石油学报,31(4):548-552.

邵磊,李献华,汪品先,等,2004.南海渐新世以来构造演化的沉积记录:ODP1148站深海沉积物中的证据[J].地球科学进展,5(4):539-544.

施和生,代一丁,刘丽华,等,2015.珠江口盆地珠一坳陷油气藏地质特征与分布发育基本模式[J].石油学报(S2):120-133.

石彦民,刘菊,张梅珠,等,2007.海南福山凹陷油气勘探实践与认识[J].华南地震,27(3):57-68.

宋刚练,席敏红,张萍,等,2012.北部湾盆地涠西南凹陷油气成藏特征研究[J].地质与勘探,48(2):415-420.

王碧维,徐新德,吴杨瑜,等,2020.珠江口盆地西部文昌凹陷油气来源与成藏特征[J].天然气地球科学,31(7):980-992.

王春修,张群英,1999.珠三坳陷典型油气藏及成藏条件分析[J].中国海上油气(地质),13(4):248-254.

王吉亮,吴时国,姚永坚,等,2017.印度东部大陆边缘天然气水合物储层地球物理研究进展[J].热带海洋学报,36(6):10.

王嘹亮,刘振湖,吴进民,等,1996.万安盆地沉积发育史及其与油气生储盖层的关系[J].中国海上油气,10(3):144-152.

王龙樟,姚永坚,林卫兵,等,2018.南海南部沉积物波:软变形及其触发机制[J].地球科学,43(10):3462-3470.

王宁,张铜耀,明承栋,等,2022.珠江口盆地东部珠一坳陷古近系不同类型烃源岩和原油热裂解生气特征[J].海洋地质前沿,38(8):67-76.

王祥春,马文秀,黄天蔚,等,2021.OBS技术在南海天然气水合物勘探中的应用[J].石油物探,60(7):105-113.

王秀娟,靳佳澎,郭依群,等,2021.南海北部天然气水合物富集特征及定量评价[J].地球科学,46(3):20.

王秀娟,吴时国,刘学伟,等,2010.基于测井和地震资料的神狐海域天然气水合物资源量估算[J].地球物理学进展,25(6):1288-1297.

魏纳,周守为,崔振军,等,2020.南海北部天然气水合物物性参数评价与分类体系构建

[J].天然气工业,40(3):59-67.

吴进民,1999.南沙海域万安盆地新生代构造运动和构造演化[J].海洋地质,2(12):1-11.

吴进民,杨木壮,1994.南海西南部地震层序的时代分析[J].南海地质研究,1(17):18-27.

吴娟,2013.珠江口盆地珠-坳陷油气富集规律[D].武汉:中国地质大学(武汉).

吴能友,黄丽,胡高伟,等,2017.海域天然气水合物开采的地质控制因素和科学挑战[J].海洋地质与第四纪地质,18(3):5-15.

吴能友,李彦龙,万义钊,等,2020.海域天然气水合物开采增产理论与技术体系展望[J].天然气工业,40(7):100-115.

吴时国,孙运宝,李清平,等,2019.南海深水地质灾害[M].北京:科学出版社.

吴时国,王秀娟,王志君,等,2015.天然气水合物地质概论[M].北京:科学出版社.

夏少红,曹敬贺,万奎元,等,2016.OBS广角地震探测在海洋沉积盆地研究中的作用[J].地球科学进展,31(6):1111-1124.

夏少红,丘学林,赵明辉,等,2008.香港地区海陆地震联测及深部地壳结构研究[J].地球物理学进展,11(5):1389-1397.

夏少红,丘学林,赵明辉,等,2010.南海北部海陆过渡带地壳平均速度及莫霍面深度分析[J].热带海洋学报,29(4):63-70.

谢世文,王宇辰,舒誉,等,2022.珠一坳陷湖盆古环境恢复与优质烃源岩发育模式[J].海洋地质与第四纪地质,42(1):159-169.

谢玉洪,黄保家,2014.南海莺歌海盆地东方13-1高温高压气田特征与成藏机理[J].中国科学:地球科学,44(8):1731-1739.

谢玉洪,李绪深,童传新,等,2015.莺歌海盆地中央底辟带高温高压天然气富集条件、分布规律和成藏模式[J].中国海上油气(地质),27(4):1-12.

谢玉洪,张迎朝,徐新德,等,2020.莺歌海盆地高温超压大型优质气田天然气成因与成藏模式:以东方13-2优质整装大气田为例[J].中国海上油气(地质),26(2):1-5.

熊莉娟,李三忠,索艳慧,等,2012.南海南部新生代控盆断裂特征及盆地群成因[J].海洋地质与第四纪地质,32(6):113-127.

徐杰,张进,周本刚,等,2006.关于南海北部滨海断裂带的研究[J].华南地震,9(4):8-13.

徐立涛,何玉林,石万忠,等,2021.琼东南盆地深水区天然气水合物成藏主控因素及模式[J].石油学报,42(5):598-610.

阎贫,刘海龄,邓辉,2005.南沙地区下第三系沉积特征及其与含油气性的关系[J].大地构造与成矿学,29(3):391-402.

杨海长,陈莹,纪沫,等,2017.珠江口盆地深水区构造演化差异性与油气勘探意义[J].中国石油勘探,22(6):59-68.

杨木壮,吴进民,1996.南海南部新生代构造应力场特征与构造演化[J].热带海洋学报,15(2):45-52.

杨朔,2019.北部湾盆地涠洲12-2靶区古近系低渗区油气成藏过程研究[D].北京:中国石油大学.

杨涛涛,吕福亮,王彬,等,2013.琼东南盆地南部深水区气烟囱地球物理特征及成因分析[J].地球物理学进展,28(5):2634-2641.

杨希冰,2016.南海北部北部湾盆地油气藏形成条件[J].中国石油勘探,23(4):85-92.

杨希冰,周杰,杨金海,等,2021.琼东南盆地深水区东区中生界潜山天然气来源及成藏模式[J].石油学报,42(3):10.

姚伯初,1993.南海北部陆缘新生代构造运动初探[J].南海地质研究,17(5):1-12.

姚伯初,1998.南海新生代的构造演化与沉积盆地[M].武汉:中国地质大学出版社.

姚伯初,1998.用海洋地震方法研究岩石圈结构[J].地学前缘,43(1):112-119.

姚伯初,2002.南海西部地质构造和地壳结构及其演化[R].广州:中国地质调查局广州海洋地质调查局.

姚伯初,万玲,吴能友,2004.大南海地区新生代板块构造活动[J].中国地质,2(5):113-122.

姚伯初,曾维军,1994.中美合作南海调研报告[M].武汉:中国地质大学出版社.

姚永坚,吴能友,夏斌,等,2008.南海南部海域曾母盆地油气地质特征[J].中国地质,35(3):503-513.

姚永坚,夏斌,徐行,2005.南海南部海域主要沉积盆地构造演化特征[J].南海地质研究,13(7):1-11.

叶建良,秦绪文,谢文卫,等,2020.中国南海天然气水合物第二次试采主要进展[J].中国地质,47(8):557-568.

易海,2011.南海东北部中生界发育特征与盆地分析[D].北京:中国地质大学(北京).

易海,钟广见,马金凤,2007.台西南盆地新生代断裂特征与盆地演化[J].石油实验地质,31(6):560-564.

喻煌,2019.北部湾盆地乌石16-1/17-2靶区古近系低渗区油气成藏过程研究[D].北京:中国石油大学.

曾清波,陈国俊,张功成,等,2015.珠江口盆地深水区珠海组陆架边缘三角洲特征及其意义[J].沉积学报,14(3):595-606.

詹文欢,刘以宣,钟建强,等,1995.南海南部活动断裂与灾害性地质初步研究[J].海洋地质与第四纪地质,32(3):1-9.

詹文欢,朱照宇,孙龙涛,等,2006.试论南海新构造运动的时限及其差异性[J].地质学报,3(4):491-496.

张殿广,詹文欢,姚衍桃,等,2009.南沙海槽断裂带活动性初步分析[J].海洋通报,28(6):70-77.

张光学,徐华宁,刘学伟,等,2014.三维地震与OBS联合勘探揭示的神狐海域含水合物地层声波速度特征[J].地球物理学报,57(3):1169-1176.

张建新,党亚云,何小胡,等,2015.莺歌海盆地乐东区峡谷水道成因及沉积特征[J].海洋地质与第四纪地质,35(5):29-35.

张莉,雷振宇,王智刚,等,2021.南海双峰盆地的形成演化及其对构造样式的约束[J].海洋地质前沿,37(4):39-45.

张莉,雷振宇,许红,等,2019.台西盆地地层沉积特征与成烃-成藏地质条件[J].石油与天然气地质,40(1):152-161.

张莉,张光学,王嘹亮,等,2014.南海北部中生界分布及油气资源前景[M].北京:地质出版社.

张伟,梁金强,陆敬安,等,2020.琼东南盆地典型渗漏型天然气水合物成藏系统的特征与控藏机制[J].天然气工业,40(8):10-15.

张文昭,张厚和,李春荣,等,2021.珠江口盆地油气勘探历程与启示[J].新疆石油地质,42(3):346-352+363.

张迎朝,陈志宏,李绪深,等,2011.文昌B凹陷陡坡带珠海组二段海侵扇三角洲储层特征及油气成藏特征[J].矿物岩石,31(2):86-95.

张迎朝,陈志宏,李绪深,等,2011.珠江口盆地文昌B凹陷及周边油气成藏特征与有利勘探领域[J].石油实验地质,33(3):297-301.

张迎朝,陈志宏,李绪深,等,2011.珠江口盆地西部油气成藏组合和成藏模式[J].石油与天然气地质,32(1):108-117.

张迎朝,甘军,邓勇,等,2009.珠江口盆地西部文昌B凹陷及周边油气成藏组合[J].中国海上油气,21(5):303-307.

张迎朝,甘军,李辉,等,2013.伸展构造背景下珠三坳陷南断裂走滑变形机制及其油气地质意义[J].中国海上油气,25(5):9-15.

赵明辉,丘学林,叶春明,等,2004.南海东北部海陆深地震联测与滨海断裂带两侧地壳结构分析[J].地球物理学报,19(5):846-853.

郑家坚,郑龙亭,黄学诗,1999.安徽潜山新发现的假古猬类化石[J].古脊椎动物学报,27(1):9-17+83-84.

中国地质调查局广州海洋地质调查局,2015.南海海洋地质与矿产资源[M].天津:中国航海图书出版社.

中国科学院地貌图集编辑委员会,2009.中华人民共和国地貌图集(1∶1 000 000)[M].北京:科学出版社.

中华人民共和国自然资源部,2018.中国矿产资源报告2018[M].北京:地质出版社.

钟广法,张迪,赵峦啸,2020.大洋钻探天然气水合物储层测井评价研究进展[J].天然气工业,40(6):25-44.

钟建强,1997.南沙群岛含油气盆地的前新生代基底及与北部陆缘的关系[J].中国海上油气(地质),11(2):124-130.

周杰,杨希冰,杨金梅,等,2019.琼东南盆地松南低凸起古近系构造-沉积演化特征与天然气成藏[J].地球科学,44(8):2704-2715.

朱炳德,汪贵锋,2014.海南省辖海域油气资源勘查开发炼化发展前景评估报告[R].海口:海南省海洋地质调查研究院.

朱贺,何涛,梁前勇,等,2021.海域天然气水合物开采的4C-OBC时移地震动态监测模拟

[J].北京大学学报(自然科学版),57:99-110.

朱伟林,2010.南海北部深水区油气地质特征[J].石油学报,31(4):7.

朱伟林,米立军,2010.中国海域含油气盆地图集[M].北京:石油工业出版社.

祝有海,庞守吉,王平康,等,2021.中国天然气水合物资源潜力及试开采进展[J].沉积与特提斯地质,41(6):524-535.

BERNDT C,2005. Focused fluid flow in passive continental margins[J]. Physical English Science,363:2855-2871.

BOSWELL R,COLLETT T,2006. The gas hydrates resource pyramid[J]. Fire in the Ice,6:1031-1045.

BOSWELL R,FRYE M,SHELANDER D,et al.,2012. Architecture of gas-hydrate-bearing sands from Walker Ridge 313, Green Canyon 955, and Alaminos Canyon 21: Northern deepwater Gulf of Mexico[J]. Marine and Petroleum Geology,34:134-149.

CHONG Z R,YANG S,BABU P,et al.,2016. Review of natural gas hydrates as an energy resource:Prospects and challenges[J]. Applied Energy:1633-1652.

COLLETT T S,2004. Gas hydrates as a future energy resource[J]. Geotimes,49(11):24-27.

COLLETT T S,LEE M W,ZYRIANOVA M V,et al.,2012. Gulf of mexico gas hydrate joint industry project leg Ⅱ logging-while-drilling data acquisition and analysis[J]. Marine and Petroleum Geology,34(1):41-61.

CULLEN A B,REEMST P,HENSTRA G,et al.,2010. Rifting of the South China Sea: New perspectives[J]. Petroleum Geoscience,16:273-282.

DASH R,SPENCE G,2011. P-wave and S-wave velocity structure of northern Cascadia margin gas hydrates[J]. Geophysical Journal International,187:1363-1377.

DENG W,LIANG J,KUANG Z,et al.,2021. Permeability prediction for unconsolidated hydrate reservoirs with pore compressibility and porosity inversion in the northern South China Sea[J]. Journal of Natural Gas Science and Engineering,95:104161.

FYHN M B W,BOLDREEL L O,NIELSEN L H,2009. Geological development of the Central and South Vietnamese margin:Implications for the establishment of the South China Sea,Indochinese escape tectonics and Cenozoic volcanism[J]. Tectonophysics,478:184-214.

GUAN J,CONG X,ARCHER D E,et al.,2021. Spatio-temporal evolution of stratigraphic-diffusive methane hydrate reservoirs since the Pliocene along Shenhu continental slope,northern South China sea[J]. Marine and Petroleum Geology,125:104864.

HOLBROOK W S,HOSKINS H,WOOD W T,et al.,1996. Methane hydrate and free gas on the blake ridge from vertical seismic profiling[J]. Science,273:1840-1843.

HOLLAND M,SCHULTHEISS P,ROBERTS J,et al.,2008. Observed gas hydrate morphologies in marine sediments[J]. Gas Hydrates.

HOLLOWAY N H,1982. North Palawan block, Philippine-its relation to Asian mainland and role in evolution of South China Sea[J]. AAPG Bulletin,66(9):1355-1383.

HOROZAL S,BAHK J J,URGELES R,et al.,2017. Mapping gas hydrate and fluid flow indicators and modeling gas hydrate stability zone(GHSZ) in the Ulleung Basin,East (Japan) Sea: Potential linkage between the occurrence of mass failures and gas hydrate dissociation[J]. Marine and Petroleum Geology,80:171-191.

HU B,WANG L S,YAN W B,et al.,2013. The tectonic evolution of the Qiongdongnan Basin in the northern margin of the South China Sea[J]. Journal of Asian Earth Sciences,77: 163-182.

HUANG B,TIAN H,LI X,et al.,2016. Geochemistry, origin and accumulation of natural gases in the deep-water area of the Qiongdongnan Basin,South China Sea[J]. Marine and Petroleum Geology,72:254-267.

HUO Y,ZHANG M,2009. Full waveform inversion of gas hydrate reflectors in Northern South China Sea[J]. Acta Geophysica Sinica,57:716-727.

HUTCHISON C S,1989. Geological evolution of south-east Asia[M]. Oxford:Oxford University Press.

HUTCHISON C S,1996. The "Rajang accretionary prism" and "Lupar Line" problem of Borneo. In: Hall, R., Blundell, D., eds., Tectonic evolution of Southeast Asia[J]. The Geological Society of London,106:247-262.

HYNDMAN R D,SPENCE G D,1992. A seismic study of methane hydrate marine bottom simulating reflectors [J]. Journal of Geophysical Research: Solid Earth, 97: 6683-6698.

JAISWAL P,DEWANGAN P,RAMPRASAD T,et al.,2012. Seismic characterization of hydrates in faulted, fine-grained sediments of Krishna-Godavari Basin: Full waveform inversion[J]. Journal of Geophysical Research:Solid Earth,123:10 117-10 229.

KUDRASS H R,WIEDICKE M,CEPEK P,et al.,1986. Mesozoic and Cainozoic rocks dredged from the South China Sea(Reed Bank Area) and Sulu Sea and their significance for plate-tectonic reconstructions[J]. Marine and Petroleum Geology,3:19-30.

KVENVOLDEN,1993. Gas hydrates as a potential energy resource: A review of their methane content[J]. USGS Professional Paper,1570.

LEE M W,COLLETT T S,2009. Gas hydrate saturations estimated from fractured reservoir at site NGHP-01-10,Krishna-Godavari Basin,India[J]. Journal of Geophysical Research,114(B7):7102.

LEE M W,WAITE W F,2008. Estimating pore-space gas hydrate saturations from well log acoustic data[J]. Geochemistry,Geophysics,Geosystems,9(7):114-135.

LI J F,YE J L,QIN X W,et al.,2018. The first offshore natural gas hydrate production test in South China Sea[J]. China Geology,1(1):5-16.

LI Q Y,JIAN Z M,SU X,2005. Late Oligocene rapid transformations in the South

China sea[J]. Marine Micropaleontology,54:5-25.

LIANG J Q,ZHANG W,LU J,et al.,2019. Geological occurrence and accumulation mechanism of natural gas hydrates in the eastern Qiongdongnan Basin of the South China Sea:Insights from site GMGS5-W9-2018[J]. Marine Geology,418:10604.

LONG S,ZHENG J,CHEN G,et al.,2012. The upper limit of maturity of natural gas generation and its implication for the Yacheng Formation in the Qiongdongnan Basin,China [J]. Journal of Asian Earth Sciences,54:203-213.

LU S,MCMECHAN G A,2004. Elastic impedance inversion of multichannel seismic data from unconsolidated sediments containing gas hydrate and free gas[J]. Geophysics,69: 164-179.

MENG M,LIANG J,LU J,et al.,2021. Quaternary deep-water sedimentary characteristics and their relationship with the gas hydrate accumulations in the Qiongdongnan Basin,northwest South China Sea[J]. Deep-Sea Research I,177:103628.

QIAN J,WANG X,COLLETT T S,et al.,2018. Downhole log evidence for the coexistence of structure Ⅱ gas hydrate and free gas below the bottom simulating reflector in the South China Sea[J]. Marine and Petroleum Geology,98:662-674.

QIN X,LU J,LU H,et al.,2020. Coexistence of natural gas hydrate,free gas and water in the gas hydrate system in the Shenhu Area[J]. China Geology,3:210-220.

RUPPEL C,1997. Anomalously cold temperatures observed at the base of the gas hydrate stability zone on the US Atlantic passive margin[J]. Geology,25:699-702.

SASSEN R,LOSH S L L,CATHLES H H,et al.,2001. Massive vein-filling gas hydrate:Relation to ongoing gas migration from the deep subsurface in the Gulf of Mexico [J]. Marine and Petroleum Geology,18:551-560.

SLOAN E D,2003. Fundamental principles and applications of natural gas hydrates[J]. Nature,426(6964):353-363.

SLOAN E D,KOH C A,2008. Clathrate hydrates of natural gases [M]. 3rd ed. Boca Raton:CRC Press.

SONG Y,YANG L,ZHAO J,et al.,2014. The status of natural gas hydrate research in China:A review[J]. Renewable and Sustainable Energy Reviews,31:778-791.

SU M,LUO K,FANG Y,et al.,2020. Grain-size characteristics of fine-grained sediments and association with gas hydrate saturation in Shenhu Area,northern South China Sea[J]. Ore Geology Reviews,103889.

SULTAN N,VOISSET M,MARSSET T,2007. Detection of free gas and gas hydrate based on 3D seismic data and cone penetration testing:An example from the Nigerian Continental Slope[J]. Marine Geology,240:235-255.

SUN Q,WU S,CARTWRIGHT J,et al.,2012. Shallow gas and focused fluid flow systems in the Pearl River Mouth Basin, northern South China Sea[J]. Marine Geology, 315-318: 1-14.

TAPPONNIER P, PELTZER G, LE D A Y, et al., 1982. Propagating extrusion tectonics in Asia: New insights from simple experiments with plasticine[J]. Geology, 10: 611-616.

TORRES M, COLLETT T, ROSE K, et al., 2011. Pore fluid geochemistry from the Mount Elbert gas hydrate stratigraphic test well, Alaska North Slope[J]. Marine and Petroleum Geology, 28(2): 332-342.

WANG J, JAISWAL P, HAINES S S, et al., 2018. Gas hydrate quantification using full-waveform inversion of sparse ocean-bottom seismic data: A case study from Green Canyon Block 955, Gulf of Mexico[J]. Geophysics, 83: 167-181.

WANG X, LIU B, JIN J, et al., 2020. Increasing the accuracy of estimated porosity and saturation for gas hydrate reservoir by integrating geostatistical inversion and lithofacies constraints[J]. Marine and Petroleum Geology, 115: 104298.

WEI J, LIANG J, LU J, et al., 2019. Characteristics and dynamics of gas hydrate systems in the northwestern South China Sea: Results of the fifth gas hydrate drilling expedition[J]. Marine and Petroleum Geology, 110: 287-298.

WHITICAR M J, 1999. Carbon and hydrogen isotope systematics of bacterial formationand oxidation of methane[J]. Chemistry Geology, 161: 291-314.

YE J L, WEI J G, LIANG J Q, et al., 2019. Complex gas hydrate system in a gas chimney, South China Sea[J]. Marine and Petroleum Geology, 104: 29-39.

YUAN Y S, ZHU W L, MI L J, et al., 2009. "Uniform geothermal gradient" and heat flow in the Qiongdongnan and Pearl River Mouth Basins of the South China Sea[J]. Mar. Pet. Geol, 26: 1152-1162.

ZHANG G X, LIANG J Q, LU J A, 2015. Geological features, controlling factors and potential prospects of the gas hydrate occurrence in the east part of the Pearl River Mouth Basin, South China Sea[J]. Marine and Petroleum Geology, 67: 356-367.

ZHANG G X, YANG S X, ZHANG M, et al., 2014. GMGS2 expedition investigates rich and complex gas hydrate enviroment in the South China Sea[J]. Methane Hydrate News, 14(1): 1-5.

ZHANG W, LIANG J, LU J, et al., 2017. Accumulation features and mechanisms of high saturation natural gas hydrate in Shenhu Area, northern South China Sea[J]. Petroleum Exploration and Development, 44(5): 708-719.

ZHANG W, LIANG J, SU P, et al., 2018. Distribution and characteristics of mud diapirs, gas chimneys, and bottom simulating reflectors associated with hydrocarbon migration and gas hydrate accumulation in the Qiongdongnan Basin, northern slope of the South China Sea[J]. Geological Journal, 54(6): 3556-3573.

ZHAO Z X, SUN Z, WANG Z F, 2019. The high-resolution sedimentary filling in Qiongdongnan Basin, northern South China Sea[J]. Marine Geology, 364:11-24.

ZHU W L, ZHONG K, LI Y C, et al., 2012. Characteristics of hydrocarbon accumulation and exploration potential of the northern South China Sea deepwater basins [J]. Science Bulletin, 57(24), 3121-3129.